Thomas Launois
in Zusammenarbeit mit Xavier Nitsch

VÖGEL

70 Arten entdecken und bestimmen

Illustriert von Lise Herzog

Aus dem Französischen von Svenja Tengs

Anaconda

Sämtliche Vogelstimmen können Sie über diesen QR-Code abrufen oder sich auf der Website www.lisez.com/9782412035603 anhören.

Ein großes Dankeschön gilt meinen Eltern, die ihre Leidenschaft für Spaziergänge und Wanderungen an mich weitergegeben haben.
Thomas Launois

Lizenzausgabe mit freundlicher Genehmigung
Titel der französischen Originalausgabe
Le petit guide des oiseaux

FSC®
www.fsc.org
MIX
Paper from responsible sources
FSC® C004378

Penguin Random House Verlagsgruppe FSC® N001967

Die Deutsche Nationalbibliothek verzeichnet diese Publikation in der Deutschen Nationalbibliografie; detaillierte bibliografische Daten sind im Internet unter http://dnb.d-nb.de abrufbar.

Umschlaggestaltung: dyadesign, Düsseldorf, www.dya.de unter Verwendung von Motiven aus dem Innenteil
Satz und Layout: InterMedia – Lemke e. K., Heiligenhaus
Druck und Bindung: PBtisk, a.s., Pribram
Printed and bound in Czech Republic
ISBN 978-3-7306-0827-2
www.anacondaverlag.de

Einführung

Für wen ist dieses Buch?

Dieses Buch richtet sich hauptsächlich an Anfänger und ist als grundlegendes Nachschlagewerk für alle Naturinteressierten gedacht, die mehr über Vogelbeobachtung wissen möchten. Man kann sehr schnell lernen, die Vögel zu bestimmen, die zu unseren Futterstellen kommen und uns auf Spaziergängen durch Parks und Wälder, Felder und Wiesen und an der Küste begegnen.

Der Band eignet sich auch für Kinder, die Lust haben, die unterschiedlichen Vögel in ihrer Umgebung zu entdecken und spielerisch zu bestimmen. Um tiefer in die Materie einzutauchen, findet man neben den Beschreibungen zusätzliche Hinweise zum Verhalten der Arten.

Dieser kleine Vogelführer umfasst 70 typische Vogelarten Mitteleuropas und wird damit dem Abwechslungsreichtum der Vögel in unserer Umgebung gerecht, ohne dabei die Anfänger in der Vogelkunde außer Acht zu lassen.

Zudem sind in diesem Buch seltene, doch leicht erkennbare Arten enthalten, um die Neugier derjenigen zu befriedigen, die den Artenreichtum der Wälder entdecken möchten (haben Sie schon einmal einen Pirol oder Bienenfresser gesehen?).

Bei der Auswahl der 70 Vögel standen wir dennoch vor der Qual der Wahl. Wir haben uns dann entschieden, die Arten auszuschließen, die meist nur aus der Ferne zu beobachten sind und deshalb eine aufwändige Ausrüstung erfordern (wie im Fall von zahlreichen Seevögeln).

Wie ist das Buch aufgebaut?

Dieser Vogelführer gliedert sich in vier große Teile. Die ersten drei befassen sich mit einem spezifischen Lebensraum (Parks & Gärten / Wald & Wiese / Gewässer) und den darin lebenden Vögeln. Im letzten Teil sind die häufigsten Greifvögel enthalten. Natürlich gibt es manche Arten, die in mehreren, wenn nicht sogar in allen beschriebenen Lebensräumen zu finden sind. In diesem Fall wurden sie dem Lebensraum zugeordnet, in dem sie am häufigsten vorkommen.

Jede Vogelart wird auf einer Doppelseite beschrieben, auf der die Kriterien zur Bestimmung aufgeführt sind. Dazu gehören:

- Größe (oder Flügelspannweite, wenn sinnvoll)
- Aussehen insgesamt (Gefieder) und die für die Bestimmung wichtigen Aspekte des Flugbildes, also des von unten betrachteten Erscheinungsbildes eines fliegenden Vogels. Falls Unterschiede zwischen Männchen und Weibchen bestehen, werden sie in diesem Abschnitt erläutert – ebenso wie mögliche Veränderungen des Gefieders im Lauf der Jahreszeiten (viele Arten tragen vor und während der Brutzeit ein auffälliges Prachtkleid und im restlichen Jahr ein unauffälliges Schlichtkleid).

- bevorzugter Lebensraum
- Gewohnheiten (Schwarmtier oder Einzelgänger, streitlustig oder friedfertig, typische Bewegungen) im Abschnitt »Verhalten«
- ein QR-Code, über den man den typischen Gesang/Ruf anhören kann
- Anekdoten (über das Verhalten, historische Begebenheiten etc.)
- ein Warnhinweis, falls es eine Art gibt, mit der der Vogel leicht zu verwechseln ist
- Hinweis, ob der Vogel Nistkästen nutzt oder nicht
- Futterhäuser, die man aufstellen kann
- Brutzeit in Mitteleuropa

Der Einfachheit halber wird die Vogelart auf der rechten Seite in der Phase abgebildet, in der sie am leichtesten zu erkennen ist, d. h. oft im Prachtkleid des Männchens oder Weibchens. Wenn sich die Geschlechter voneinander unterscheiden, werden sie getrennt dargestellt. Das Flugbild ist ebenfalls abgebildet. Die Pfeile weisen auf spezifische Aspekte hin, die es bei der Vogelbestimmung zu beachten gilt.

Verwendete Symbole

Nistkasten	Kommt zu Nistkästen
Futter	Kommt zu Futterhäusern
1,90 m	Flügelspannweite
15 cm	Größe des Vogels, vom Scheitel bis zum Schwanzende

Vögel richtig beobachten und bestimmen

Man kann ganz leicht mit der Vogelbeobachtung beginnen, zum Beispiel in einem Park oder einem großen Garten, wo die Vögel in der Regel weniger scheu sind.

Das Frühjahr und der Sommeranfang eignen sich besonders gut für die Beobachtung, da die Vögel auffälliger (farbenfrohes Prachtkleid, aktiv bei der Balz, dem Nestbau und der Pflege der Jungvögel) und lauter sind (Gesänge und Rufe zur Balz und zur Verteidigung des Reviers etc.).

Im Sommer sieht man kleine Vögel am besten am Morgen und späten Nachmittag, da sie sich über die heiße Mittagszeit lieber ausruhen. Greifvögel hingegen warten den späten Vormittag ab, um die warmen Aufwinde zu nutzen.

Auf Spaziergängen können Sie sich an relativ einfachen Grundsätzen orientieren: Leise sein, nicht die Brutstätte stören und allgemeine Verhaltensregeln befolgen (keine Privatgrundstücke betreten, keinen Müll hinterlassen etc.).

Wenn Sie Brutkästen und/oder Futterhäuser aufstellen, können Sie die verschiedenen Arten ebenfalls bequem aus der Nähe beobachten. Hier ein paar Tipps, um mehr Vögel zu sehen:

- Richten Sie sich nach den Vorlieben der Arten, die Sie anlocken möchten. Bei Brutkästen sollten Sie die Innenmaße sowie Größe und Form des Einfluglochs beachten. Am einfachsten können Sie Blau- und Kohlmeisen (Flugloch: 28 bzw. 32 mm) helfen.

- Brutkästen oder Futterhäuser außerhalb der Reichweite von Raubtieren (einschließlich Katzen) aufstellen. Ideal ist eine Höhe von 3 Metern.
- Nistkästen müssen im Spätherbst gereinigt und im Winter aufgehängt werden! Viele Arten suchen ihre Nistplätze im Winter.
- Stellen Sie nicht zwei Nistkästen für die gleiche Art nebeneinander.
- Der Nistkasten sollte im Innenbereich unbehandelt bleiben (außen können Sie ihn mit einer Lasur versehen).
- Neben den typischen geschlossenen Nistkästen für Meisen können Sie auch halboffene Nistkästen für Rotkehlchen und Zaunkönige bauen oder es mit den typischen Schwalbennisthilfen versuchen!

Auch für Futterhäuser gibt es einige Tricks, mit denen man gute Bedingungen schaffen und mehr Arten anlocken kann:

- Die Auswahl des angebotenen Futters hängt von der Art ab, die man beobachten möchte, doch die meisten Vögel nehmen gern Sonnenblumenkerne (eher die schwarzen als die gestreiften), Mais und Meisenknödel an.

- Stellen Sie sauberes Wasser zur Verfügung und wechseln Sie es bei Frost aus. So können Sie Vögel anlocken, die Durst haben und ihr Gefieder reinigen wollen.
- Bestücken Sie die Futterstation beim ersten Frost.
- Im Winter aufgestellte Futterspender sollten Sie bei anhaltend schlechtem Wetter weiterhin bestücken.
- Bieten Sie nicht zu viele Samen an, da diese Feuchtigkeit aufnehmen.
- Vermeiden Sie Streitigkeiten zwischen den Arten, indem Sie nach Möglichkeit mehrere Futterhäuser aufstellen.
- Für Vögel, die lieber vom Boden fressen (Finken, Sperlinge etc.), können Sie die Samen auf ein Brett legen, damit sie keine Feuchtigkeit aufnehmen.
- Nach dem Aufstellen müssen Sie sich in Geduld üben. Manche Vögel wie Meisen kommen vielleicht schon am nächsten Tag, andere lassen womöglich mehrere Wochen auf sich warten.

Futterhäuser oder Nistkästen können Sie entweder selbst bauen (im Internet gibt es dazu viele gute Ideen und Beispiele), im stationären Handel kaufen oder online bestellen.

WICHTIG: Füttern Sie Vögel nicht wahllos!

- Legen Sie keine künstlich gesalzenen, sondern nur naturbelassene Samen oder Erdnüsse in die Futterstellen.
- Beachten Sie die Hinweise im Abschnitt »Fütterung« dieses Buchs. Fehlt der Hinweis für diese Art, sollten Sie den Vogel besser nicht füttern, da Sie ihm trotz guter Absichten schaden könnten.
- Füttern Sie Vögel nicht mit zu vielen Brotkrümeln, da diese nicht sehr nahrhaft, aber sehr sättigend und eher als Leckerli zu betrachten sind. Bei zahlreichen Wasservögeln wie Kanadagänsen oder Stockenten können sie sogar zu schweren Missbildungen führen – ganz zu schweigen davon, dass sich das Brot im Wasser auflöst und zur Vermehrung giftiger Bakterien beiträgt!
- Im Allgemeinen sollten Sie in Parks, an der Küste und in Schutzgebieten keine Vögel füttern.

Spaß und Neugier

Wer Freude daran haben möchte, die verschiedenen Arten zu bestimmen, geht am besten schrittweise vor. Zum Beispiel kann man:

- zuerst lernen, die Vögel an der Farbe ihres Gefieders zu erkennen.
- zwischen Männchen und Weibchen unterscheiden und schließlich die Jungvögel jeder Art bestimmen.
- sich daran probieren, Vogelstimmen (den Gesang, die Rufe) der richtigen Art zuzuordnen, ohne den Vogel selbst zu sehen.
- schließlich versuchen, die Art an ihrem Flugbild und ihrer Flugweise (schnell und gerade / wellenförmig / Rüttelflug, bei dem der Vogel mit schnell flatternden Flügeln auf der Stelle steht) zu erkennen. Vielleicht lässt sich der Vogel auch anhand seines Verhaltens und seiner typischen Haltungen bestimmen: Frisst er vom Boden? Sitzt er auf dem Boden oder in Bäumen? Wie hoch sitzt er in Bäumen?

Aus Fehlern zu lernen ist immer noch der schnellste Weg zum Erfolg.

Pflege verletzter Vögel

Bei einem Jungvogel sollten Sie zuerst überprüfen, ob er tatsächlich von den Eltern verlassen wurde. Befindet sich das Nest nicht doch in der Nähe und sind Sie sicher, dass die Eltern nicht zurückkehren werden?

Wenn es sich um einen Vogel handelt, der gegen ein Fenster geflogen ist, sollten Sie Haustiere (Katzen, Hunde) von ihm fernhalten und ihm Zeit geben, zu sich zu kommen. Sie müssen nur eingreifen, wenn der Aufprall so stark war, dass der Schnabel und/oder die Pupillen bluten.

Andere Tiere (verlassene Jungvögel, verletzte erwachsene Vögel etc.) können Sie mit einem Tuch aufheben, das möglichst glatt sein sollte, damit sich die Krallen nicht darin verfangen. Anschließend setzen Sie den Vogel am besten in einen Karton mit Luftlöchern, da die Dunkelheit beruhigend wirkt. Natürlich sollte man keine potenziellen Raubtiere in seine Nähe lassen.

Sobald Sie den Vogel sicher verstaut haben, können Sie einen Tierarzt, ein Naturschutzzentrum oder eine Pflege- und Auffangstation des NABU (Naturschutzbundes) anrufen, um sich je nach Zustand des Vogels (geschockt, verletzt) über die weitere Vorgehensweise zu informieren.

Wenn Sie das Tier zu einem Tierarzt bringen, halten Sie es möglichst ruhig.

Waschen Sie sich zur Sicherheit die Hände, bevor und nachdem Sie den Vogel angefasst haben.

Ausrüstung zur Vogelbeobachtung

Um Vögel anzulocken, genügt ein einfacher Futterspender oder ein Nistkasten. Sie können viele verschiedene Arten beobachten, wenn Sie Ihre Aufmerksamkeit auf die Vögel in Ihrer Umgebung richten – sei es am Meer, in den Bergen, in Parks, in der Stadt oder im Wald.

Mit der Zeit werden Sie die Vögel, wie die meisten Hobby-Ornithologen, aber sicher auch aus größerer Nähe beobachten wollen.

Wer regelmäßig wandert, für den ist ein Fernglas die leichteste und preiswerteste Methode, um die Tiere besser zu sehen. Bei der Wahl des Fernglases stellt die Vergrößerung das wichtigste Kriterium dar. Für eine hohe Vergrößerung muss man meist ein weniger klares und schweres Fernglas in Kauf nehmen, mit dem man schnell vor lauter Bäumen den Wald nicht sieht (sondern nur noch ein Gewirr aus Ästen) und das Bild zittert mehr. Daher ist eine 8- oder 10-fache Vergrößerung zu empfehlen.

Zur Beobachtung von Meeres- und Wasservögeln bedarf es spezieller Geräte, mit denen man Details gut sehen kann. Für unseren Vogelführer, der sich eher als Einführung versteht, führt das indes zu weit. Wenn Sie aber einmal auf gut ausgerüstete Ornithologen treffen oder an einer Führung in einem Naturschutzgebiet teilnehmen, fragen Sie ruhig, ob Sie einen Blick durchs Teleskop der Profis werfen dürfen.

Wer Vögel fotografieren möchte, sollte auf das Zoom achten, das für die Ergebnisse letztlich entscheidend ist. Im mittleren Preissegment sind momentan die Bridgekameras mit den besten Zooms ausgestattet. Wer die gleiche Vergrößerung mit einer Spiegelreflexkamera erreichen möchte, muss für die Objektive mehrere Tausend Euro zahlen! Der Unterschied zwischen beiden Geräten wird am ehesten bei schwierigen Lichtverhältnissen offensichtlich, doch mit einer Bridgekamera lassen sich gute Ergebnisse erzielen, insbesondere bei Fotos von Futterstellen und Parks.

Fähigkeiten vertiefen

Wenn Sie durch diesen Vogelführer herausfinden, dass Ihnen die Beobachtung von Vögeln in Ihrer Umgebung Spaß macht, gibt es verschiedene Möglichkeiten, Ihr neues Hobby intensiver zu pflegen.

Informieren Sie sich zum Beispiel über Ausflüge, die Vogelverbände in Ihrer Region organisieren, oder über Führungen, die in Naturschutzgebieten angeboten werden.

Zudem werden vielerorts regelmäßig Zählungen durchgeführt – von einheimischen Gartenvögeln (u. a. vom NABU und dem Landesbund für Vogelschutz in Bayern) bis zu selteneren Zugvögeln (z. B. im Rahmen des EuroBirdwatch). Termine in Ihrer Nähe können Sie leicht im Internet recherchieren. Auf diesen Veranstaltungen können Sie Vögel in ihrem gewohnten Terrain beobachten und gleichzeitig Vogelexperten kennenlernen, die begeistert bei der Sache sind und Ihnen die verschiedenen Bewohner jedes Lebensraums zeigen können.

Auch im Internet gibt es viele (meist regionale) Websites, auf denen Vogelbegeisterte aktuelle Beobachtungen veröffentlichen. Da diese Daten auch für nationale Statistiken und zur Festlegung von Artenschutzbestimmungen verwendet werden, sind sie äußerst zuverlässig. Sie können online eigene Beobachtungen dokumentieren und sich so der Artenvielfalt in Ihrer Umgebung bewusst werden.

Glossar

Der Einfachheit halber haben wir auf die meisten Fachbegriffe verzichtet, doch da manche Beschreibungen eine gewisse Präzision erfordern, wurden für bestimmte Körper- und Gefiederteile Fachbegriffe verwendet.

Hier sind die wichtigsten Definitionen:

Fänge: Die mit mächtigen Krallen versehenen Zehen von Greifvögeln.

Hand- und Armschwingen: Als Handschwingen bezeichnet man die äußeren Federn des Flügels, als Armschwingen die großen Federn am Arm des Flügels. Die Begriffe basieren auf der Tatsache, dass im Vogelskelett zwischen Hand und Arm unterschieden wird.

Bürzel: Dabei handelt es sich um die hintere Rückenpartie des Vogels. Dieser Begriff wird insbesondere bei der Beobachtung bestimmter Enten mit sehr buntem Bürzel

(z. B. der Krickente) verwendet. Er dient ebenfalls zur Beschreibung des Flecks auf dem unteren Rücken, der bei Mehlschwalben im Flug zu sehen ist.

Brust: Der obere Teil des Bauches, direkt unter dem Hals.

Schwungfedern: Die großen Federn, aus denen die Flügel der Vögel bestehen. Im Detail werden sie in Hand- (Federn an der Hand) und Armschwingen (Federn am Arm) unterteilt.

Steuerfedern: Schwanzfedern, auch Stoß genannt.

Flügeldeckfedern: Die Federn, die (wie der Name schon sagt) die Schwungfedern bedecken. Diese »Decken« können aus mehreren Schichten bestehen.

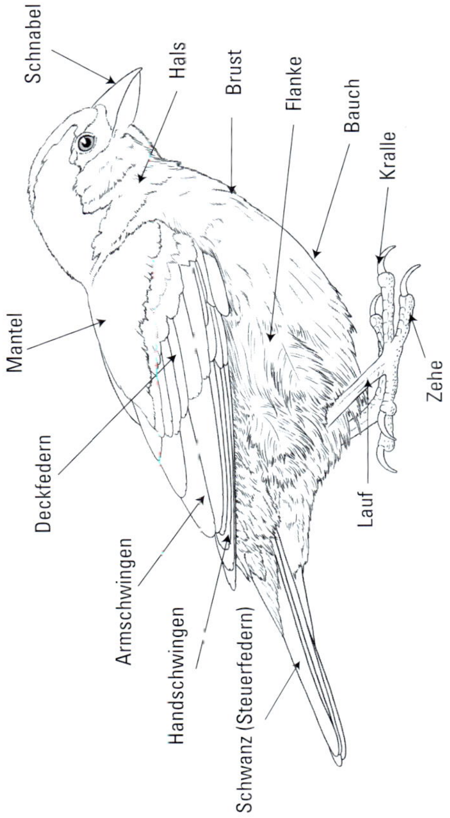
Schnabel
Hals
Brust
Flanke
Bauch
Kralle
Zehe
Lauf
Schwanz (Steuerfedern)
Handschwingen
Armschwingen
Deckfedern
Mantel

Flügelbinde: Längliche Gefiederzeichnung (»Binde«) auf dem Flügel, die sich farblich stark von den Deck- und / oder Schwungfedern abhebt. Die Flügelbinden sind besonders gut bei ausgebreiteten Flügeln sichtbar, z. B. bei Finken im Flug.

Flügelspiegel: Ein- oder mehrfarbiger Bereich auf den Armschwingen (also in der Mitte des ausgebreiteten Flügels), der sich farblich stark vom Rest des Flügels abhebt. Flügelspiegel kann man beispielsweise gut auf den Flügeln von zwei Entenarten sehen.

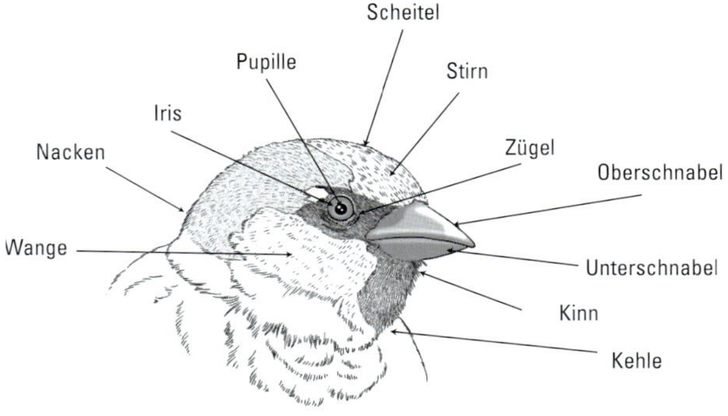

Kehle: Dieser Bereich befindet sich direkt unter dem Schnabel, auch bei gedrungenen Vögeln mit wenig oder gar keinem Hals. Ein Fleck an dieser Stelle wird Latz oder Kehlfleck genannt.

Scheitel: Oberer Teil des Vogelkopfes.

Überaugenstreif: Dieser Streif ist in der Regel dünn und befindet sich mehrere Zentimeter über dem Vogelauge. Manchmal wird er mit dem Augenstreif verwechselt, der die Augen umschließt.

Wange: Dieser Teil befindet sich auf Schnabelhöhe, etwa auf halber Höhe des Kopfes.

Aussehen

Die Heckenbraunelle ist recht gedrungen, dunkel und ziemlich einheitlich gefärbt. Die Oberseite des Körpers ähnelt der des Spatzen (braun mit dunkelbraunen Streifen), doch ihr Schnabel ist sehr schmal. Der Kopf (außer den bräunlichen Wangen) und die Unterseite des Körpers sind aschgrau und rot gestreift. Die Beine sind rötlich.

Lebensraum

Die Heckenbraunelle liebt dichte Sträucher in Parks und Gärten. Im Wald bevorzugt sie Nadelbäume und dichtes Gestrüpp auf Lichtungen.

Verhalten

Die Heckenbraunelle versteckt sich gern im Gebüsch, ist aber nicht scheu. Man kann sie gut beobachten, wenn sie im freien Gelände Nahrung auf dem Boden sucht oder das Männchen in der Balzzeit auf einem Busch singt.

Fütterung

Sie frisst am liebsten vom Boden. Im Sommer frisst sie Insekten, doch im Winter nimmt sie Hafer und Samen (Sonnenblumen, Hülsenfrüchte, Weizen) an.

Wissenswertes

Ihre türkisfarbenen Eier sind sehr auffällig, was sie sich leisten kann, da ihr Nest meist gut im Gebüsch versteckt liegt. Allerdings nutzt der Kuckuck es oft als Wirtsnest.

Heckenbraunelle

Parks & Gärten

Jungvogel
(Bauch und Rücken sind gelber)

Gesang

Brutzeit

J	F	M	A	M	J	J	A	S	O	N	D

15 cm

Aussehen

Der Gimpel ist stämmig und gedrungen. Das Männchen hat eine orangerote Kehle, die geschwollen aussieht. Der Schwanz, der Kopf und die Flügel sind schwarz. Im Flug sieht man die breite weiße Flügelbinde und den weißen Bürzel. Charakteristisch ist der dreieckige, kurze, aber sehr kräftige Schnabel. Abgesehen von der gelbbräunlichen Kehle hat das Weibchen die gleiche Färbung.

Lebensraum

Der Gimpel kommt im dichten Unterholz, in Obstgärten, Parks und Gärten vor. In den Bergen bevorzugt er Buchen-, Erlen- und Pinienwälder.

Verhalten

Er lebt zurückgezogen, am liebsten in dichtem Laub, obwohl er in Gruppen von fünf Individuen fliegt. Im Winter kann man ihn leichter an Futterstellen finden.

Wissenswertes

Da er Knospen beschädigen kann, wird er oft aus Obstgärten vertrieben. Die Verwendung von Pflanzenschutzmitteln ist ein weiterer Grund für den Rückgang seines Bestandes.

Fütterung

Futterhäuser nutzt er selten, frisst aber Sonnenblumenkerne, Erdnüsse, getrocknete Beeren, gehackte Nüsse oder eine spezielle Waldvögelmischung.

Gimpel

Gesang

Brutzeit

J	F	M	A	M	J	J	A	S	O	N	D

Aussehen

Der Stieglitz ist gut an seinem leuchtend roten Gesicht, seinen weißen Wangen und seinem schwarzen Hals zu erkennen. Bauch, Brust und Rücken sind gelbbräunlich und auf den schwarzen Flügeln trägt er eine hellgelbe Flügelbinde, die im Flug gut sichtbar ist. Sein stark kegelförmiger Schnabel ist typisch für Körnerfresser.

Lebensraum

Er kommt hauptsächlich in Wiesen, Strauchgebieten, Obstgärten, Parks, Gärten und auch in Städten vor.

Verhalten

Wie Meisen kann er sich akrobatisch an Äste hängen und bewegt sich oft in großen Gruppen.

Wissenswertes

Er wird auch Distelfink genannt, da er dank seines kegelförmigen, sehr dünnen Schnabels als Einziger in seiner Familie Samen aus Disteln und Karden gewinnen kann. Doch Stieglitze mögen auch Löwenzahn, Klette und Greiskraut.

Fütterung

Am besten stellt man ein Futterhaus in einiger Entfernung vom Wohnhaus auf und legt Sonnenblumenkerne, Hirse, Erdnüsse oder eine Samenmischung für Waldvögel hinein.

Stieglitz

Parks & Gärten

Gesang

Brutzeit

J	F	M	A	M	J	J	A	S	O	N	D

47 cm

Aussehen

Raben- und Nebelkrähen galten lange als Unterarten zur Aaskrähe, sind aber inzwischen eigenständige Arten. Bei der Rabenkrähe sind das Gefieder, der Schnabel und die Beine vollkommen schwarz. Bei der Nebelkrähe sind der Nacken, der obere Rücken und der Bauch grau. Die Rabenkrähe kommt von der Iberischen Halbinsel bis zur Elbe vor. Östlich der Elbe ist die Nebelkrähe heimisch.

Lebensraum

Sie sind auf Feldern, in Städten, aber auch in Sümpfen zu finden.

Verhalten

Sie sind sehr scheu und halten viel Abstand. Jungvögel bewegen sich in Gruppen, doch Paare sondern sich ab – außer nachts an den Schlafplätzen. Sie fressen hauptsächlich Aas.

Leicht zu verwechseln mit: Saatkrähe

Saatkrähen sind genauso groß wie Raben- und Nebelkrähen, doch ihr dolchartiger Schnabel ist nicht befiedert und ihr Schnabelgrund nackt und grau. Ihr Kopf ist kantiger und ihr Gefieder weniger glänzend.

Brutzeit

J	F	M	A	M	J	J	A	S	O	N	D

Raben- und Nebelkrähe

Gesang

Aussehen

Das Gefieder des Stars ist vollkommen schwarz und schimmert im Sonnenlicht intensiv. Außerhalb der Balz sind viele weiße Flecken zu sehen. Der gelbe Schnabel hat eine schwarze Spitze. Im Gleitflug ist die dreieckige Silhouette des Vogels gut erkennbar.

Lebensraum

Er kommt in Parks und Gärten sowie in bewaldeten Gebieten vor, vor allem in Laubwäldern.

Verhalten

Er lebt meist in großen, extrem lauten Gruppen, die sich in hohen Ästen oder auf Rasenflächen aufhalten und bei der Nahrungssuche unablässig in den Boden hacken. Er ist dafür bekannt, andere Vogelstimmen perfekt nachzuahmen (bis zu 20 verschiedene Arten!) und sie in sein eigenes Gezwitscher zu integrieren.

Wissenswertes

Dank wissenschaftlicher Studien wissen wir heute, wie sich jedes Individuum in Schwärmen von Hunderten oder gar Tausenden von Tieren (»Starwolken«) bewegt. So können jene spektakulären Flugmanöver erklärt werden, die auf potenzielle Fressfeinde einschüchternd wirken.

Star

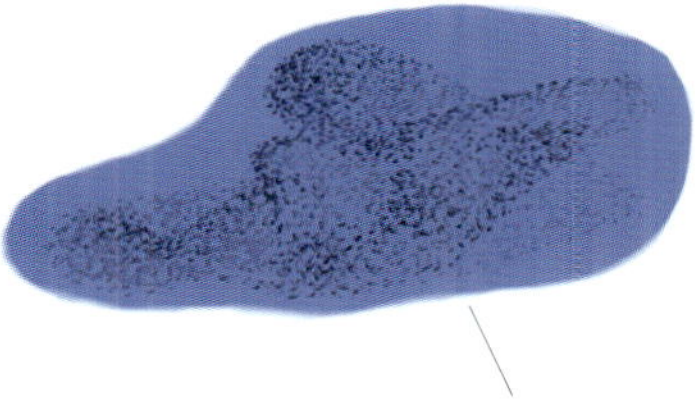

Gruppe im Flug

Schlichtkleid

Gesang

Brutzeit

J	F	M	A	M	J	J	A	S	O	N	D

34 cm

Aussehen

Der Eichelhäher verfügt über ein charakteristisches Gefieder: Sein Körper ist größtenteils braun und hellrosa gefiedert, dabei trägt er einen blauen Flügelspiegel. Der weiße Bürzel ist im Flug deutlich zu sehen. Auffällig sind auch die dunkelbraunen Streifen am Kopf, der schwarze Bartstreif und die weiße Kehle. Im Flug sind auf den Flügeln blau-weiße Flecken zu sehen.

Lebensraum

Er kommt in bewaldeten Gebieten, in großen Wäldern, aber auch in Gärten vor.

Verhalten

An seinem kraftvollen, schrillen Schrei ist er leicht zu erkennen. Der Eichelhäher ernährt sich hauptsächlich von Eicheln, die er sammelt und in Bäumen versteckt oder in der Erde vergräbt. Er ist scheu und sucht nur sehr früh morgens Futterhäuser auf.

Wissenswertes

Der Eichelhäher trägt den Beinamen »Waldpolizei«, da er mit seinem kräftigen, durchdringenden Schrei andere Tiere vor nahenden Gefahren warnt.

Fütterung

Im Winter nimmt er Erdnüsse, große Samen und Hafer im Futterspender an.

Eichelhäher

Gesang

Brutzeit

J	F	M	A	M	J	J	A	S	O	N	D

13 cm

Aussehen

Der Gartenbaumläufer ist so groß wie eine Meise. Typisch für ihn ist seine ruckartige Art, Baumstämme hochzuklettern. Er hat einen bemerkenswert dünnen, geschwungenen Schnabel. Dank seines Gefieders ist er auf Baumrinden gut getarnt. Seine Unterseite ist hingegen weiß, besonders an der Kehle, ebenso wie sein schmaler Überaugenstreif.

Lebensraum

Gartenbaumläufer sind häufig in Parks und lichten Wäldern zu finden.

Verhalten

Der Gartenbaumläufer ist ein extrem unauffälliger Vogel, aber nicht unbedingt scheu, wenn man ihn erst entdeckt hat.

Leicht zu verwechseln mit: Waldbaumläufer

Diese beiden Arten sind am schwierigsten voneinander zu unterscheiden. Der Waldbaumläufer zeichnet sich vor allem durch seine Stimme aus. Er hat einen weißeren Bauch, einen markanteren Überaugenstreif und einen kürzeren Schnabel.

Gesang Gartenbaumläufer

Brutzeit

J	F	M	A	M	J	J	A	S	O	N	D

Gartenbaumläufer

Parks & Gärten

Gartenbaumläufer

Waldbaumläufer

Gesang Waldbaum-läufer

Aussehen

Der Kernbeißer hat die gleiche Gefiederfärbung und eine genauso große weiße Flügelbinde wie Finken. Allerdings ist er größer und von gedrungener Gestalt. Typisch für ihn ist sein kräftiger, dreieckiger und hellgrauer bis bläulicher Schnabel. Sein großer Kopf ist orange, und während der Balzzeit sind die Flügelspitzen des Männchens blau. Im Flug ist das schwarz-weiße Muster auf der Unterseite der Flügel deutlich zu sehen.

Lebensraum

Er kommt in Birken-, Eschen- und Buchenwäldern vor. Auch in Parks, Gärten und Obstgärten kann man ihn beobachten.

Verhalten

Dank seines extrem kräftigen Schnabels kann er Kirsch- und Pflaumenkerne knacken und sich von den Früchten von Birken, Eschen usw. ernähren. Er ist still und scheu und daher schwer zu beobachten, auch wenn er sich gern auf Baumwipfel setzt.

Wissenswertes

Er kommt eher zu hoch gelegenen Futterhäusern, die weit von Wohnhäusern entfernt sind.

Fütterung

An ruhigen Orten lässt er sich mit Sonnenblumenkernen, Früchten (Kirschen) und Nüssen füttern.

Kernbeißer

Parks & Gärten

Gesang

Brutzeit

J	F	M	A	M	J	J	A	S	O	N	D

19 cm

Aussehen

Die Rauchschwalbe (auch »Hausschwalbe« genannt) ist die häufigste Schwalbenart und an ihrem tief gegabelten Schwanz mit großen weißen Flecken zu erkennen. Sie hat ein rotes Gesicht, einen weißen Bauch und einen schwarz-bläulich schimmernden Rücken (vom Hinterkopf bis zum Schwanz).

Lebensraum

Sie kommt in Feldern und Dörfern vor.

Verhalten

Auf der Jagd nach Insekten fliegt sie in einem schnellen, engen Zickzackkurs.

Leicht zu verwechseln mit: Mehlschwalbe

Der Schwanz der Mehlschwalbe ist nicht so tief gegabelt und hat keine weißen Flecken. Die Mehlschwalbe hat einen weißen, gut erkennbaren Bürzel. Die Kehle und der Bauch sind durchgehend weiß. Hinterkopf und Rücken sind schwarz-blau wie bei der Schwesterart.

Gesang

Brutzeit

J	F	M	A	M	J	J	A	S	O	N	D

Rauch- oder Hausschwalbe

28 cm

Aussehen

Den Wiedehopf erkennt man an seiner schwarz-weißen Federhaube (aufgestellt oder angelegt) und an seinem »zweigeteilten« Körper mit rotem oberen und schwarz-weißem unteren Teil. Er hat einen langen, leicht gebogenen Schnabel.

Lebensraum

Der Wiedehopf kommt in Wäldern, Wiesen und Obstgärten vor. Er ist auch in Parks und Gärten zu finden.

Verhalten

Der Wiedehopf ist recht scheu, weshalb man ihn oft zuerst an seinem Schrei (»uh-uh-uh«) erkennt, der aus weiter Ferne zu hören ist. Der Flug des Wiedehopfes erinnert an den eines Schmetterlings.

Wissenswertes

Der Wiedehopf gibt ein übel riechendes Sekret ab, das potenzielle Fressfeinde von den Baumlöchern fernhält, in denen er nistet.

Gesang

Brutzeit

J	F	M	A	M	J	J	A	S	O	N	D

Wiedehopf

Aussehen

Das Gefieder der Amsel ist vollkommen schwarz, doch Schnabel und Augenring sind orangegelb. Bei Weibchen ist der Schnabel grau und das Gefieder eher dunkelbraun mit einem helleren Bereich an Brust und Hals.

Lebensraum

Die Amsel lebt in Parks, Gärten und Wäldern – sowohl in städtischen als auch ländlichen Gebieten.

Verhalten

Sie sucht oft auf dem Boden nach Nahrung: Regenwürmer, Larven, Samen, Fallobst etc. In der Nähe von Futterhäusern kann sie sehr streitlustig werden und kleine Vögel verjagen.

Fütterung

Vom Boden frisst sie Brotkrümel (in kleinen Mengen) sowie Schlehdorn-, Weißdorn- und Wildrosenfrüchte.

Leicht zu verwechseln mit: Dohle

Dohlen sind oft in Dörfern in Kirchtürmen zu finden. Abends schließen sie sich in Kolonien mit anderen Raben zusammen, um zu ihren Schlafplätzen zurückzukehren, doch man erkennt sie an ihrer kleinen Gestalt und ihrem schrillen Schrei. Die Dohle hat einen grauen Fleck im Nacken und am Hinterkopf. Das restliche Gefieder ist schwarz, wenn auch blasser an der Brust und den Flanken. Ihr Schnabel ist kürzer als der von Krähen und Raben.

Amsel

Gesang

Brutzeit

J	F	M	A	M	J	J	A	S	O	N	D

14 cm

Aussehen

Proportional zum Körper ist die Schwanzmeise der Vogel mit dem längsten Schwanz. Ihr Gefieder wechselt zwischen Schwarz (Flügel und Augenstreif bis zum Nacken), Weiß (Bauch, breiter Scheitelstreif) und Beigerosa auf den Flügeln. Sie hat einen schwarzen Schwanz mit weißem Rand.

Lebensraum

Die Schwanzmeise lebt in Parks, Gärten und Mischwäldern – meist in Laubbäumen und Unterholzsträuchern.

Verhalten

Typisch für die Schwanzmeise ist der Flug »in kleinen Sprüngen«. Sie hält sich immer in lauten Gruppen von etwa zehn Individuen auf. Futterspender nutzt sie sehr geschickt und krallt sich oft kopfüber mit nur einem Fuß daran fest.

Wissenswertes

Im kalten Winter drängen sich Schwanzmeisen in kleinen Gruppen auf einem Ast zusammen, um sich zu wärmen. Genetisch gehört die Schwanzmeise nicht zur Meisenfamilie.

Fütterung

Sie kann mit Meisenknödeln und Erdnüssen gefüttert werden.

Schwanzmeise

Parks & Gärten

Gesang

Brutzeit

J	F	M	A	M	J	J	A	S	O	N	D

Aussehen

Die Blaumeise ist nach der Kohlmeise die häufigste Meisenart in Mitteleuropa. Die Oberseite des Kopfes ist blau – ebenso wie die Flügel und der Schwanz. Sie hat ein weißes Gesicht, dazu einen schwarzen Latz und einen dunkelblauen Augenstreif bis zum Nacken. Der Bauch ist gelbgrünlich. Der obere Rücken ist grünlich. Ihr Schnabel ist sehr kurz.

Lebensraum

Die Blaumeise kommt in Städten, auf dem Land, in Gärten sowie in Laub- und Mischwäldern vor.

Verhalten

Blaumeisen sind sehr flink und daher im Vorteil, wenn Meisenknödel in Bäumen hängen. Beim Fressen verhalten sie sich aggressiv.

Wissenswertes

Durch Beringen der Vögel hat man herausgefunden, dass mehr als hundert Blaumeisen pro Tag durch einen Garten fliegen können, auch wenn man den Eindruck hat, nur einige wenige beobachtet zu haben.

Wie füttern?

In Futterhäusern kann man sie mit Meisenknödeln, Früchten und Sonnenblumenkernen füttern.

Blaumeise

Parks & Gärten

Gesang

Brutzeit

J	F	M	A	M	J	J	A	S	O	N	D

14 cm

Aussehen

Die Kohlmeise ist die größte ihrer Art in Europa. Ihr Bauch ist hellgelb mit einem breiten schwarzen Bauchstreif. Sie hat einen schwarzen Kopf und weiße Wangen. Das Gefieder ist auf dem Rücken olivgrün, auf dem Schwanz blau und auf den Flügeln schwarz-weiß. Im Flug sind die Unterseiten der Flügel und des Schwanzes weiß.

Lebensraum

Sie lebt in Parks, Gärten und Wäldern.

Verhalten

Die Kohlmeise ist nicht scheu und fliegt auch in die Nähe von Häusern, um dort nach Nahrung zu suchen und diese dann aggressiv zu verteidigen.

Wissenswertes

Kohlmeisen nutzen gern geschlossene Nistkästen.

Fütterung

Sie lässt sich mit Meisenknödeln und Sonnenblumenkernen in Futterstationen füttern.

Gesang

Brutzeit

J	F	M	A	M	J	J	A	S	O	N	D

Kohlmeise

15 cm

Aussehen

Das Männchen des Haussperlings hat einen sehr bunten Kopf: ziegelroter Nacken, graue Stirn, weiße Wangen und schwarzer Kehlfleck. Der Bauch ist grau, die Brust schwarz gefleckt und der Rücken braun mit schwarzen Längsstreifen. Der Spatz, wie man ihn auch nennt, trägt einen weißen Flügelspiegel. Das Weibchen ist nicht so kontrastreich, besonders weil es am Kopf nicht schwarz ist.

Lebensraum

Der Haussperling gehört zu den häufigsten Vogelarten: Er ist überall zu finden – in der Stadt und auf dem Land.

Verhalten

Der Spatz ist nicht besonders scheu. Er lebt häufig in Gruppen und streitet sich gern mit anderen Arten.

Fütterung

Sonnenblumenkerne, Brotkrümel (Delikatesse, die nur in kleinen Mengen gegeben werden sollte) und Hafer.

Leicht zu verwechseln mit: Feldsperling

Der Feldsperling ist kleiner und sein Scheitel ist nicht grau, sondern schokoladenfarben. Auffällig sind auch der weiße Kragen zwischen Kehlfleck und Brust sowie der rechteckige schwarze Fleck auf den weißen Wangen.

Haussperling oder Spatz

Gesang

Brutzeit

J	F	M	A	M	J	J	A	S	O	N	D

45 cm

Aussehen

Man erkennt die Elster an ihrem langen Schwanz, der wie die Flügel hellblau ist. Der Rest des Gefieders ist schwarz – mit Ausnahme der weißen Federn an Schultern, Bauch und Handschwingen.

Lebensraum

Die Elster ist in der Stadt und auf dem Land in Parks, Gärten und lichten Wäldern verbreitet.

Verhalten

Der scheuen Elster kann man sich nicht nähern. Man kann sie in Bäumen und auf dem Boden beobachten, wo sie nach Insekten und kleinen Wirbeltieren sucht. Elstern leben und bewegen sich zu zweit oder in kleinen, lauten Gruppen. Sie nutzen Futterspender (wer nur kleine Vögel anlocken möchte, sollte ein entsprechendes Gitter anbringen) und suchen auf Rasenflächen nach Müllresten, die sie mitnehmen können.

Wissenswertes

Von der Elster heißt es, sie würde von glänzenden Objekten stärker angezogen und diese häufiger stehlen als andere Vögel. Allerdings wurde dieser Ruf durch eine großangelegte wissenschaftliche Studie widerlegt, bei der mehr als 500 Elsternnester überprüft wurden.

Elster

Parks & Gärten

Gesang

Brutzeit

J	F	M	A	M	J	J	A	S	O	N	D

Aussehen

Der Buchfink ist an seinem blaugrauen Scheitel, Kopf und Brust in Ziegelrot, aber vor allem an seinen schwarzen Flügeln mit zwei großen weißen Flügelbinden zu erkennen. Das Weibchen trägt ebenfalls die weiße Flügelbinde, doch die restlichen Farben sind matter. Der Schnabel ist kegelförmig und kräftig.

Lebensraum

Die meisten Buchfinken kommen in Wäldern vor, doch sie leben auch in Parks, Gärten und Feldern.

Verhalten

Dieser scheue Vogel bewegt sich in Gruppen, besonders im Winter, und hat Angst vor Menschen und anderen Vögeln.

Fütterung

Er sucht Futterspender auf, mag aber keine Konkurrenz und begnügt sich daher mit auf den Boden gefallenen Resten: Sonnenblumenkerne und Nüsse.

Leicht zu verwechseln mit: Berg- oder Nordfink

Er schließt sich häufig mit dem Buchfinken zusammen, unterscheidet sich aber durch den rostbraunen Hals und die Brust, den weißen Bauch, den gelben Schnabel und die dezenteren Flügelbinden. Im Flug sieht man den weißen Bürzel. Bei der Balz färbt sich der Kopf des Männchens schwärzer und der Rand des braunen Rückengefieders orange.

Buchfink

Gesang

Brutzeit

J	F	M	A	M	J	J	A	S	O	N	D

14 cm

Aussehen

Das Rotkehlchen hat ein charakteristisches orangerotes Gefieder im Gesicht sowie an Kehle und Brust. Der Bauch ist weiß. Der Scheitel und die seitliche Brust sind grau. Der Rücken ist von einem recht dunklen Braun. Die Jungen sind schwer zu erkennen, da ihr Gefieder braun gefleckt ist und keine Ähnlichkeit mit dem der erwachsenen Vögel aufweist.

Lebensraum

Das Rotkehlchen ist in Gärten, auf dem Land und in der Stadt zu finden, doch es kommt auch in Wäldern vor – vor allem in dichtem Unterholz.

Verhalten

Das Rotkehlchen ist nicht scheu und in der Nähe von Futterstationen streitlustig, insbesondere gegenüber Artgenossen.

Wissenswertes

Manchmal nistet es in Briefkästen. Die Männchen kämpfen gelegentlich bis zum Tod, um ihr Territorium zu verteidigen.

Fütterung

Vom Boden frisst es Samen (z. B. Sonnenblumenkerne), Nüsse, Brotkrümel (nur in kleinen Mengen geben) oder auf den Boden gefallene Reste von Meisenknödeln.

Rotkehlchen

Gesang

Brutzeit

J	F	M	A	M	J	J	A	S	O	N	D

14 cm

Aussehen

Das Gefieder des Hausrotschwanzes zeigt sich am Kopf schwarz, an Rücken und Bauch grau gefärbt. Der Schwanz ist orangerot. Das Weibchen ist nicht schwarz, sondern graubraun.

Lebensraum

Der Hausrotschwanz kommt in der Nähe von alten Gebäuden, Steinbrüchen, Ruinen und Mülldeponien vor. Auf dem Land hält er sich auch in der Nähe von Wohnhäusern auf.

Verhalten

Bei der Insektenjagd ist der Hausrotschwanz sehr lebhaft und flink.

Leicht zu verwechseln mit: Gartenrotschwanz

Der Gartenrotschwanz lebt bevorzugt im Wald und das Männchen trägt einen großen weißen Stirnfleck.

Gesang

Brutzeit

J	F	M	A	M	J	J	A	S	O	N	D

Hausrotschwanz

Gartenrotschwanz

Hausrotschwanz im Flug

Aussehen

Den Kleiber erkennt man am starken Kontrast zwischen dem blaugrauen Rücken und dem orangeroten Bauch. Die Kehle und die Wangen sind weiß und der Augenstreif ist schwarz. Typisch für ihn ist die Silhouette mit dem kurzen Schwanz, dessen schwarz-weiße Umrandung man im Flug gut sehen kann.

Lebensraum

Kleiber findet man in Parks und Gärten mit altem Baumbestand oder im Wald.

Verhalten

Der Kleiber ist die einzige Vogelart, die an einem Stamm kopfüber nach unten klettern kann. Er lebt und bewegt sich in Paaren, aber nie in Gruppen. Er ist menschenscheu, zeigt sich jedoch extrem aggressiv gegenüber anderen Arten, insbesondere an Futterstellen.

Wissenswertes

Wie Meisen können Kleiber Nüsse in passende Baumspalten klemmen und mit dem Schnabel aufhacken.

Fütterung

Frisst Meisenknödel sowie Sonnenblumenkerne und Nüsse in Futterhäusern.

Kleiber oder Spechtmeise

Gesang

Brutzeit

J	F	M	A	M	J	J	A	S	O	N	D

32 cm

Aussehen

Die Silhouette der Türkentaube ist relativ schmal. Ihr Gefieder ist grau. Sie hat einen sichelförmigen schwarzen Nackenring mit weißem Rand. Die Handschwingen sind schwarz und der Rand des Schwanzes ist weiß.

Lebensraum

Sie kommt in Parks, Gärten und Feldern vor.

Verhalten

Sie hält sich in Dörfern und Kleinstädten auf, wo sie nach Nahrung sucht, und bewegt sich in kleinen Gruppen.

Fütterung

In Futterhäusern frisst sie geschrotetes Getreide (Mais) und Brotkrümel (in kleinen Mengen geben).

Leicht zu verwechseln mit

Ringeltaube (41 cm): Sie ist viel größer und schwerer und hat ein dunkelgraues Gefieder, eine dunkelrosa Kehle, einen orangefarbenen Schnabel und einen weißen Halsseitenfleck. Ihre Handschwingen und der Rand des Schwanzes sind schwarz.

Turteltaube (27 cm): Ihre Silhouette ist schmaler. Kopf, Hals und Bauch sind hellgrau. Sie hat mehrere schwarz-weiße Querbinden an den Halsseiten, rostbraune Flügel mit schwarzen Flecken und schwarze Flügelspitzen. Am Schwanz hat sie eine dunkle Endbinde mit weißer Spitze.

Türkentaube

Parks & Gärten

Gesang

Brutzeit

J	F	M	A	M	J	J	A	S	O	N	D

10 cm

Aussehen

Der Zaunkönig ist dank seiner Größe, seiner Haltung und seines stets aufgerichteten Schwanzes leicht zu erkennen. Sein braunes Gefieder ist am Rücken dunkler als am Bauch und am Hals. Er hat einen weißen Überaugenstreif. Der untere Bauch und der Rand der Flügel sind schwarz-weiß gesprenkelt.

Lebensraum

Der Zaunkönig kommt in Gärten und Parks mit Sträuchern und Baumgruppen vor.

Verhalten

Er ist hauptsächlich am Boden und im Gestrüpp von Wäldern zu finden, wo er lieber läuft als zu fliegen. Er ist unauffällig und schlüpft bei nahender Gefahr schnell in Baumspalten.

Wissenswertes

Er gehört zu den kleinsten Vögeln Europas und wiegt nur wenige Gramm. Harte Winter und Schnee auf dem Boden können mehr als 75 % seines Bestands vernichten.

Gesang

Brutzeit

J	F	M	A	M	J	J	A	S	O	N	D

Zaunkönig

Aussehen

Das Gefieder am Rücken, am Bauch und im Gesicht des Grünfinks ist grünlich. Der gelbgrüne Bürzel und der leuchtend gelbe Flügelrand sind im Flug gut sichtbar. Sein Schnabel ist kegelförmig und kräftig. Das Gefieder des Weibchens ist matter, aber durchgehend in grünlichen Tönen.

Lebensraum

Der Grünfink kommt meist in Gärten, Parks und Strauchgebieten vor.

Verhalten

Er kann große Gruppen bilden – vor allem im Winter in der Nähe von Nahrungsgebieten, wo er gegenüber anderen Arten mitunter aggressiv auftritt.

Wissenswertes

Aufgrund neuer landwirtschaftlicher Methoden, die den Zugang zu Nahrung einschränkten, begann der Grünfink erst im Lauf des 20. Jahrhunderts Städte und Dörfer zu besiedeln.

Fütterung

Akzeptiert in Futterhäusern Samen (z. B. Sonnenblumenkerne), Erdnüsse und Nüsse.

Grünfink

Parks & Gärten

Gesang

Brutzeit

J	F	M	A	M	J	J	A	S	O	N	D

Aussehen

Die Oberseite des Körpers der Feldlerche ist hellbraun. Der Kopf (mit kleiner aufstellbarer Haube) ist etwas dunkler – im Gegensatz zum helleren Überaugenstreif. Die Brust ist gelbbräunlich und der Rest des Bauches weiß. Der Kopf, die Oberseite des Gefieders und die Brust haben schwarze Streifen. Im Flug kann man den weißen Rand des Schwanzes sehen.

Lebensraum

Die Feldlerche kommt in der Nähe von Pflanzen auf offenen Feldern vor (daher der Name). Waldgebiete meidet sie.

Verhalten

Bei der Balz steigt sie typischerweise auf 150 m Höhe und lässt sich anschließend fallen. Dabei singt sie minutenlang. Den Rest des Jahres schließen sich Lerchen in kleinen Gruppen zusammen. Man kann sie auf Pfählen, aber nie auf Bäumen sehen.

Fütterung

Nur bei sehr kaltem Wetter sammeln sie gegebenenfalls Sonnenblumenkerne und Haferflocken vom Boden auf.

Leicht zu verwechseln mit: Haubenlerche

Bei der Haubenlerche ist der äußere Rand der Flügel nicht weiß und der Rand des Schwanzes ist rostbraun. Ihre Haube ist viel größer und ihr Schnabel länger.

Feldlerche

Gesang

Brutzeit

J	F	M	A	M	J	J	A	S	O	N	D

17 cm

Aussehen

Das Männchen des Fichtenkreuzschnabels ist rot bis ziegelfarben, besonders an der Brust. Das Weibchen ist an der Brust und am Bürzel grün bis gelb. Typisch für den Vogel ist sein gekreuzter Schnabel.

Lebensraum

Den Fichtenkreuzschnabel findet man hauptsächlich in den Bergen und in Fichten, an deren Reifezeiten er sich auf seinen Wanderungen orientiert. Seltener ist er im Flachland, in Tannen und Obstgärten zu finden. Bei guter Zapfenmast fliegen viele nordische und östliche Populationen in Mitteleuropa ein.

Verhalten

Der Fichtenkreuzschnabel ist nicht sehr scheu und meist in kleinen Gruppen unterwegs. Er erinnert an einen Papagei. Charakteristisch für ihn ist seine Methode, mit dem gekreuzten Schnabel Samen aus Kiefernzapfen zu picken.

Wissenswertes

Die Schnabelform ist speziell dafür vorgesehen, Samen aus Zapfen zu ziehen, der Vogel kann damit keine Samen vom Boden aufsammeln.

Fütterung

Frisst Sonnenblumenkerne von (senkrechten) Futterautomaten.

Fichtenkreuzschnabel

Gesang

Brutzeit

J	F	M	A	M	J	J	A	S	O	N	D

1,10 m

Aussehen

Der Weiß- oder Klapperstorch als großer Schreitvogel ist dank des starken Kontrasts zwischen dem Weiß an Kopf, Hals und Brust und dem Schwarz an Rücken und Schwanz leicht zu erkennen. Die Beine sind rot, ebenso wie der Schnabel. Im Flug ist die Unterseite der Flügel vorne weiß und hinten schwarz.

Lebensraum

Störche findet man in Wiesen, Sümpfen und Dörfern.

Verhalten

Weißstörche sind Schwarmvögel, insbesondere auf dem Zug in den Süden. Sie gleiten dann sehr hoch am Himmel. Bei der Balz klappern Männchen und Weibchen mit dem Schnabel, was ein charakteristisches Geräusch erzeugt.

Wissenswertes

Aufgrund von Umweltverschmutzung, Trockenlegungen von Feuchtgebieten und durch den Klimawandel ist ihr Bestand in Europa bis in die 1990er-Jahre deutlich zurückgegangen. Seitdem hat er sich auch in West- und Ostdeutschland merklich erholt.

Gesang

Brutzeit

J	F	M	A	M	J	J	A	S	O	N	D

Weiß- oder Klapperstorch

Wald & Wiese

Aussehen

Aufgrund seiner schmalen Silhouette und seines schnellen Flugs ähnelt der Kuckuck einem Greifvogel. Seine waagerechte Flughaltung und sein im Sitzen angehobener Schwanz zeichnen ihn aus. Der Bauch ist schwarz-weiß gestreift. Am Kopf, der Kehle und der Oberseite ist er hellgrau. Die Beine, Augen und die Schnabelbasis sind gelb.

Lebensraum

Er lebt in denselben Gebieten wie die Vögel, die ihm bei der Fortpflanzung als Wirte dienen (insbesondere die Heckenbraunelle und Bachstelze): dichte Unterholzwälder und bewirtschaftete Felder.

Verhalten

Sein typischer Schrei ist aus der Ferne zu hören, doch es ist schwer, ihn zu sehen, wenn er nicht gerade seinen Platz wechselt. Ahmt man ihn nach, nähert er sich aus Neugier. Er brütet zu unterschiedlichen Zeiten.

Wissenswertes

Der Kuckuck ist ein berühmter Brutparasit: Er legt sein Ei in das Nest einer anderen Art und das 5- bis 20-mal. Seine Eier sehen wie die der Wirtsvögel aus. Wenn das Küken schlüpft, wirft es die anderen Eier aus dem Nest und bedrängt die Adoptiveltern, um gefüttert zu werden.

Kuckuck

Gesang

Männchen 80 cm
Weibchen 60 cm

Aussehen

Der männliche Fasan ist leicht an seinem roten Gesicht, dem grünen Hals mit weißem Kragen und dem extrem langen Schwanz erkennbar. Der Rest des Gefieders ist größtenteils rostbraun gefleckt. Die Fasanenhenne (das Weibchen) ist viel kleiner, hat einen kürzeren Schwanz und ein sehr unauffälliges braunes Gefieder. Im Flug sind die kurzen Flügel und der lange Schwanz gut zu sehen.

Lebensraum

Fasane kommen in Wäldern, aber auch auf Feldern und in großen Parks vor.

Verhalten

Zuchtfasane sind weniger scheu und halten sich in der Nähe von Dörfern auf, manchmal kommen sie sogar nahe genug, um die Futterstellen/-automaten auf dem Boden zu nutzen.

Wissenswertes

Der Fasan stammt aus Asien und wurde in der Römerzeit in Europa eingeführt. Im Jahr 2016/17 wurden in Deutschland bei der Jagd 90.000 Fasane erlegt, die speziell für diesen Zweck gezüchtet und ausgesetzt wurden.

Fütterung

Im Winter wagt sich der Fasan in die Nähe von Häusern, um Weizen, Mais und Brotkrümel (in kleinen Mengen geben) vom Boden zu fressen.

Fasan

Wald & Wiese

Gesang

Brutzeit

J | F | M | A | M | J | J | A | S | O | N | D

14 cm

Aussehen

Für das Männchen der Mönchsgrasmücke ist die schwarze Kappe charakteristisch. Der Rest des Gefieders ist graubraun und am Rücken dunkelbraun. Das Weibchen trägt eine rote Kappe. Die Beine sind dunkelgrau.

Lebensraum

Die Mönchsgrasmücke sieht man häufig in Parks, Gärten und kleinen Wäldern – insbesondere im dichten Unterholz.

Verhalten

Sie versteckt sich zwar gern im dichten Laub, doch durch ihren melodiösen Gesang ist sie gut zu finden. In strengen Wintern kommt sie auch an Futterstellen.

Wissenswertes

Mit ihrem herrlichen Gesang, der den Vergleich mit dem der Nachtigall nicht zu scheuen braucht, ist sie eine wunderbare Frühlingsbotin.

Fütterung

Sie nutzt regelmäßig Futterhäuser, wo sie besonders bei kaltem Wetter eine große Auswahl an Futter annimmt: Beeren, Hafer, Erdnüsse, Brotkrümel (in kleinen Mengen geben) und Meisenknödel.

Mönchsgrasmücke

Wald & Wiese

Gesang

Brutzeit

J	F	M	A	M	J	J	A	S	O	N	D

Aussehen

Die Misteldrossel ist die größte Drossel in Mitteleuropa. Das Gefieder auf dem Rücken ist graubraun. Brust und Bauch sind weiß mit großen schwarzen Flecken. Die weiße Unterseite der Flügel bildet einen Kontrast zu den gelblichen Flanken.

Lebensraum

Sie ist in Parks, Gärten, Hecken und lichten Wäldern (Stechpalmen, Wacholder) zu sehen, hält sich aber meist in hohen Baumwipfeln (Eiben) auf.

Verhalten

Bei der Verteidigung ihres Territoriums zeigt sich die Misteldrossel aggressiv, auch gegen Greifvögel oder andere Raubtiere (Katzen). Im Winter vertreibt sie andere Vögel aus beerentragenden Bäumen. Sie gehört zu den wenigen Vögeln, die im Winter und bei schlechtem Wetter singen.

Wissenswertes

Ihren Namen verdankt sie den Mistelbeeren, die sie im Winter leidenschaftlich gern frisst, wodurch sie zur Verbreitung des Gewächses beiträgt.

Gesang

Brutzeit

J	F	M	A	M	J	J	A	S	O	N	D

Misteldrossel

Wald & Wiese

1,15 m

Aussehen

Der Kranich ist ein sehr großer, eleganter Schreitvogel. Sein Gefieder ist hellgrau, mit Ausnahme des schwarzen Schwanzes, der Kehle, des Gesichts und des Hinterkopfes. Die Oberseite des Kopfes ist rot. Die Zeichnung an den Wangen und am mittleren Hals ist weißer als der Rest des Gefieders.

Lebensraum

Kraniche nisten im Frühjahr in Nordeuropa und Ostdeutschland, darunter an den brandenburgischen Seen und der Mecklenburgischen Seenplatte. Auf dem Zug ziehen sie westwärts über das Rhein-Main-Gebiet über Felder, Sümpfe und Städte hinweg. Am Abend ruhen sie sich hauptsächlich in Sümpfen, auf Feldern und im Wald aus.

Verhalten

Sie sind häufig bei Sonnenaufgang durch ihre lauten Rufe zu finden. Dann ziehen sie in Gruppen von ihren Schlafplätzen zu den Feldern, um Nahrung zu suchen und/oder ihren Zug fortzusetzen. Im Februar beginnt die Balz, bei der sie mit ausgebreiteten Flügeln im Kreis laufen.

Wissenswertes

Paare bleiben ihr Leben lang zusammen. Die V-Formation ermöglicht es den Zugvögeln, die ihre Positionen wechseln, Kraft zu sparen.

Kranich

Wald & Wiese

Gesang

28 cm

Aussehen

Der Bienenfresser ist leicht an den Farben seines Gefieders zu erkennen: leuchtend gelbes Gesicht, weiße Stirn, schwarzer Augenstreif, türkisfarbener Bauch, blauer Schwanz, roter Rücken und rote Flanke. Er hat einen dünnen, leicht gebogenen schwarzen Schnabel und ein typisches Flugbild: Die Flügel laufen spitz zu den Handschwingen.

Lebensraum

Er kommt in offenen Gebieten in der Nähe von Wasserläufen, Sümpfen und Wiesen vor.

Verhalten

Er bewegt sich in Gruppen und nistet auf Klippen oder am Ufer in Kolonien (mehrere Dutzend Individuen). Sein Flug wird von kurzen Gleitphasen unterbrochen. Manchmal steht er im Rüttelflug.

Leicht zu verwechseln mit: Blauracke

Auch sie hat leuchtende Farben: Der Schnabel ist schwarz und der Bauch türkisfarben, der Rücken ist braun. Kopf und Nacken sind komplett türkisfarben. Im Flug kann man die kontrastreichen schwarzblauen Flügel sehen.

Gesang

Brutzeit

J	F	M	A	M	J	J	A	S	O	N	D

Bienenfresser

Aussehen

Der Kuhreiher ist ein fast vollständig weißer Schreitvogel. Nur in der Balz sind sein Kopf, sein Rücken und sein Bauch mit orangefarbenen Federn bedeckt. Der Schnabel (kürzer als bei anderen Reihern) ist orangegelb, aber an der Basis grün. Die Beine sind im Frühjahr rot und im Winter grünlich.

Lebensraum

Der Kuhreiher kommt in Wiesen und Sümpfen vor, hauptsächlich auf der Iberischen Halbinsel, daneben auch in Belgien und den Niederlanden.

Verhalten

Kuhreiher bewegen und ernähren sich in Kolonien (10 bis 500 Individuen) und sind an Land zu beobachten – oft in der Nähe von Kühen oder im Gebüsch.

Wissenswertes

Der Reiher ist ein Zugvogel und kann sich mehrere Tausend Kilometer von seinen Brutplätzen entfernen: Einige Individuen wurden schon am Atlantik gesehen.

Gesang

Brutzeit

J	F	M	A	M	J	J	A	S	O	N	D

Kuhreiher

14 cm

Aussehen

Typisch für das Männchen des Bluthänflings sind die roten Flecken, die es bei der Balz auf Brust und Stirn trägt. Die Kehle ist weiß mit schwarzen Streifen, der Bauch rosa. Der restliche Kopf ist grau, der Rücken braun und die Schwungfedern sind schwarz-weiß. Sein Schnabel ist kegelförmig. Außerhalb der Balz sind die Farben wie beim Weibchen matter, doch die weißen Flecken auf den Flügeln sind weiterhin zu sehen.

Lebensraum

Den Bluthänfling findet man auf Feldern und Hecken, wo sein charakteristischer Gesang zu hören ist.

Verhalten

Hänflinge halten sich besonders im Winter in Scharen auf Feldern auf. Sie mischen sich auch unter Finken.

Wissenswertes

Aufgrund seines schönen Gesangs wurde er häufig eingefangen und in Käfigen gehalten.

Fütterung

Er kommt selten zu Futterstellen, akzeptiert aber Sonnenblumenkerne.

Bluthänfling

Gesang

Brutzeit

J	F	M	A	M	J	J	A	S	O	N	D

24 cm

Aussehen

Der Pirol kann mit keinem anderen Vogel verwechselt werden: Das Männchen hat schwarze Flügel und das restliche Gefieder ist leuchtend gelb. Etwas weniger auffällig ist das Weibchen mit weißem, schwarz gestricheltem Bauch und olivgrünem Rücken. Pirole fliegen wellenförmig – ebenso wie Spechte.

Lebensraum

Den Pirol kann man in Parks, großen Gärten und Wäldern sehen, insbesondere auf Pappeln.

Verhalten

Wenn ihr Gefieder gut sichtbar ist, sind Pirole zurückhaltend und verstecken sich meist in dichtem Laub. Sie halten sich hauptsächlich in Baumwipfeln auf.

Wissenswertes

Den Pirol entdeckt man häufig zuerst durch seinen überaus melodiösen, flötenden Gesang.

Gesang

Brutzeit

J	F	M	A	M	J	J	A	S	O	N	D

Pirol

Aussehen

Der Mauersegler ist an seiner schmalen Silhouette, den spitzen, gewölbten Flügeln (stärker als bei Schwalben) und dem gegabelten Schwanz zu erkennen. Das Gefieder ist dunkelbraun und am Hals heller.

Lebensraum

Mauersegler sind sowohl im Flachland als auch in den Bergen zu finden, am häufigsten auf dem Land.

Verhalten

Der Mauersegler landet nur extrem selten. Sein effizienter, eleganter Flug besteht aus vielen schnellen Gleitphasen – sowohl auf der Jagd als auch bei der Fortbewegung. Mauersegler können bis zu 1 km hoch steigen.

Wissenswertes

Die Evolution hat Mauersegler mit außergewöhnlichen Flugfähigkeiten ausgestattet, sodass sie während des Flugs und/oder Gleitens jagen, trinken und sogar schlafen können. Ihre Beine sind verkümmert; sie setzen sich nie auf Äste und können sich höchstens an eine Mauer hängen.

Gesang

Brutzeit

J	F	M	A	M	J	J	A	S	O	N	D

Mauersegler

Wald & Wiese

12 cm

Aussehen

Die Haubenmeise erkennt man an ihrer schwarz-weißen Haube, die sie aufstellen und anlegen kann. Sie hat einen weißen Kopf mit schwarz umrandeten Wangen, einen schwarzen Kehlfleck und einen schwarzen Kragen, der die Kehle vom Bauch trennt. Das Rückengefieder ist braun und der Bauch von einem hellen Gelbbraun.

Lebensraum

Sie kommt hauptsächlich in Nadelwäldern, aber auch auf Friedhöfen sowie in Parks und Gärten vor.

Verhalten

Die Haubenmeise mischt sich gern unter andere Meisengruppen. Die Art ist nicht scheu, aber still und mag dichte Verstecke, weshalb sie nicht leicht zu entdecken ist.

Wissenswertes

Ihre Nahrung passt sie den verfügbaren Ressourcen an: von Insekten im Frühjahr und Sommer bis zu Körnern und Früchten im Winter.

Fütterung

Sie nimmt, wenn auch nur selten, Meisenknödel, Sonnenblumenkerne und Nüsse in Futterhäusern an.

Haubenmeise

Wald & Wiese

Gesang

Brutzeit

J	F	M	A	M	J	J	A	S	O	N	D

Aussehen

Der Kopf der Tannenmeise ähnelt dem der Kohlmeise (weiße Wangen, schwarze Kappe, schwarze Kehle), doch ihr Bauch ist nicht gelb, sondern gelbbräunlich. Ihr weißer Nacken ist typisch für diese Meise. Das Rückengefieder ist blaugrau mit schwarz-weißen Flügeln.

Lebensraum

Sie ist hauptsächlich in Nadelwäldern zu finden, kann aber im Winter auch in Parks und Gärten vorkommen.

Verhalten

Sie bevorzugt die Kronenbereiche der Nadelbäume und kommt nur dann zu Futterhäusern, wenn es in den Wäldern nicht genug Nahrung gibt. Häufig mischt sie sich unter andere Meisengruppen. Von den Meisen ist sie die zutraulichste Art und frisst manchmal sogar Samen aus der Hand.

Wissenswertes

An den Zweigenden von Nadelbäumen, die für andere, weniger geschickte Meisen nicht zugänglich sind, legt sie Samenvorräte an.

Fütterung

Wenn das Futterhaus in der Nähe von Nadelbäumen aufgestellt wird, akzeptiert sie Sonnenblumenkerne, Nüsse und Meisenknödel.

Tannenmeise

Wald & Wiese

Gesang

Brutzeit

J	F	M	A	M	J	J	A	S	O	N	D

Aussehen

Die Graugans erkennt man an ihrem graubraunen Gefieder, das in der Ruhestellung an den Flügeln dunkler als an Bauch und Kopf ist. Der Schnabel ist orange und die Beine sind rosa. Im Flug ist der vordere Flügelbereich hellgrau, was charakteristisch für diese Art ist.

Lebensraum

Graugänse sind auf Seen, in Sümpfen und auf Wiesen zu finden.

Verhalten

Sie lebt und bewegt sich in Gruppen, die sich mit anderen Arten vermischen. Während des Zuges fliegen sie mit gestrecktem Hals in der typischen effizienten V-Formation.

Leicht zu verwechseln mit: Blessgans

Die Blessgans hat ebenfalls ein graubraunes Gefieder und dunklere Flügel. Der Schnabel ist jedoch rosa mit einem weißen Rand an der Basis und die Beine sind orange. Wer genau hinsieht, wird auch große schwarze Querflecken an Brust und Bauch feststellen.

Gesang

Brutzeit

J	F	M	A	M	J	J	A	S	O	N	D

Graugans

Blessgans

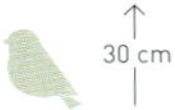

Aussehen

Das Rebhuhn ist an Kopf und Hals rot und hat eine graue Brust. Der Rücken und die Flanken sind grau mit rotbräunlicher Wellung. In der Balz trägt es einen schwarzen Bauchfleck.

Lebensraum

Das Rebhuhn kommt auf Feldern, Wiesen und am Waldrand vor.

Verhalten

Dieser Schwarmvogel fliegt nur selten und sucht oft in kleinen Gruppen im Gras nach Nahrung.

Leicht zu verwechseln mit: Rothuhn

Das Rothuhn ist gut an seinem roten Schnabel und seiner weißen Kehle zu erkennen. Auffällig ist auch der schwarze Halsring, der den Kopf vom schwarzgrau gestreiften Hals trennt. Die Brust ist grau und der untere Teil des Bauches orangerot. Der Rücken ist braun und die Flanken und Flügel haben grauweiße, rotbraune Streifen.

Gesang

Brutzeit

J	F	M	A	M	J	J	A	S	O	N	D

Rebhuhn

Rothuhn

22 cm

Aussehen

Das Gefieder des Buntspechts ist hauptsächlich schwarz (Kappe, Bartstreif, Rücken und Flügel) und weiß (Wangen, Hals, Bauch, Nacken, Flügelspiegel und gestrichelte Linien auf den Flügeln, die im Flug gut zu sehen sind). Der untere Bauch ist rot – beim Männchen auch der Nacken.

Lebensraum

Er lebt in Wäldern, aber auch in Parks, bewaldeten Gärten und sogar in Städten.

Verhalten

Im Frühjahr erkennt man ihn leicht an seinem »Trommeln« gegen Baumstämme. Auf Nahrungssuche reißt er mit dem Schnabel die Borke ab. Dann hämmert er (bis zu 10 cm tiefe) Löcher in das Holz, um sich von den dort lebenden Insekten zu ernähren.

Wissenswertes

Im Frühjahr trommelt er nicht nur, um Nahrung zu finden, sondern hauptsächlich, um sein Territorium zu markieren. Dabei nutzt er alte Stämme, aber auch Dosen, Dachrinnen etc. Manchmal raubt er Jungvögel aus Nestern.

Fütterung

Akzeptiert Meisenknödel, Hafer, Nüsse und Haselnüsse im Futterhaus.

Buntspecht

Gesang

Brutzeit

J	F	M	A	M	J	J	A	S	O	N	D

32 cm

Aussehen

Seinen Namen verdankt der Grünspecht der Färbung an Rücken und Schwanz. Das restliche Gefieder ist grau (Wangen, Bauch, Hals), schwarz (Bartstreif, Gesichtsmaske vom Schnabel bis hinter die Augen), rot (Scheitel) und gelb (Bürzel).

Lebensraum

Er kommt in Städten und auf dem Land vor, wo er in großen Bäumen und auf offenen Wiesen lebt, meist am Waldrand abseits von Häusern.

Verhalten

Er trommelt nicht so viel wie andere Spechte. Typisch für ihn ist sein stark wellenförmiger Flug mit Gleitphasen, in denen er die Flügel anlegt und sich sanft fallen lässt, bevor er mit kräftigen Flügelschlägen nach oben steigt. Man erkennt ihn an seinem lauten Schrei, der wie ein Lachen klingt.

Wissenswertes

Aufgrund seiner Vorliebe für Ameisen sieht man ihn häufiger am Boden als andere Spechte. Mit seiner 10 cm langen Zunge holt er Insekten aus Hohlräumen.

Gesang

Brutzeit

J	F	M	A	M	J	J	A	S	O	N	D

Grünspecht

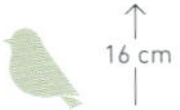

Aussehen

Das Gefieder der Nachtigall ist relativ matt: An Rücken und Kopf ist sie braun und am Bauch weißgrau. Sie hat einen rötlichen Schwanz und einen sehr hellen grauen Überaugenstreif. Man erkennt sie an ihrer runden Silhouette und ihrem häufig aufgestellten Schwanz.

Lebensraum

Die Nachtigall kommt in Wäldern und dichtem Laub oder in der Nähe von Wasserstellen vor. Manchmal nähert sie sich großen Parks mit dichtem Unterholz.

Verhalten

Die Nachtigall ist nicht scheu, kann sich aber sehr gut im Gebüsch verstecken. Auch wenn man sich ihr nähert, setzt sie ihren typischen, melodiösen und kraftvollen Gesang fort, ist aber oft nur schwer zu sehen.

Wissenswertes

Im Frühjahr oder Sommer singt die Nachtigall fast die ganze Nacht. Sie kehrt jedes Jahr an den gleichen Ort zurück.

Gesang

Brutzeit

J	F	M	A	M	J	J	A	S	O	N	D

Nachtigall

Wald & Wiese

30 cm

Aussehen

Den Kiebitz erkennt man an seiner langen, geschwungenen Haube am Hinterkopf, die »Holle« genannt wird. Das schwarze Gesicht und der schwarze Kehlfleck stehen im Kontrast zum weißen Bauch sowie den weißen Wangen und Schläfen. Die schwärzlichen Flügel haben einen metallisch grünen Schimmer. Charakteristisch ist auch das Flugbild: ausgestreckte Flügel, gefolgt von langsamem Flügelschlagen, bei dem die schwarzen Spitzen einen Kontrast zur weißen Unterseite bilden.

Lebensraum

Der Kiebitz kommt in Feldern und Wiesen, aber auch in der Nähe von Wasserstellen vor.

Verhalten

Kiebitze bewegen und ernähren sich gern in großen Gruppen.

Wissenswertes

Der spektakuläre Balzflug des Männchens besteht aus kerzengeraden Aufstiegen und Abstürzen, die von rasanten Flügen im Zickzack unterbrochen werden.

Gesang

Brutzeit

J	F	M	A	M	J	J	A	S	O	N	D

Kiebitz

55 bis 65 cm

Aussehen

Der Seidenreiher hat eine sehr schlanke, elegante Silhouette und ein vollkommen weißes Gefieder. Während der Balz gehen zwei sehr feine Schmuckfedern vom Kopf bis zum Nacken. Sein Schnabel ist schwarz, lang und dünn. Typisch für den Seidenreiher sind seine schwarzen Beine mit gelben Zehen.

Lebensraum

Er kommt an Seen, Sümpfen, Lagunen und anderen Süßgewässern vor, die tief genug sind, um ihm Fische und Frösche als Nahrung zu bieten.

Verhalten

Nicht selten sieht man Seidenreiher in kleinen Gruppen beim Fischfang. In Kolonien nisten sie oft mit anderen Reihern zusammen in Bäumen und Sträuchern.

Leicht zu verwechseln mit: Silberreiher

Seine Schwesterart, der Silberreiher, ist viel größer (1 m wie Graureiher) und hat einen kräftigeren gelben Schnabel sowie gelbe Unterschenkel und schwarze Zehen. Im Flug sieht man seine ausgestreckten Beine.

Gesang

Brutzeit

J	F	M	A	M	J	J	A	S	O	N	D

Seidenreiher

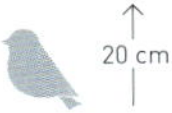

Aussehen

Im Frühjahr erkennt man den Alpenstrandläufer an seinem großen schwarzen Bauchfleck. Die Brust ist stark gestreift, die Oberseite des Körpers rotbraun mit schwarzen Flecken. Außerhalb der Balz steht die graue Oberseite des Gefieders im Kontrast zur weißen Unterseite und der gestreiften Brust. Der Schnabel ist lang und gebogen. Im Flug sieht man die weiß gestreiften Flügel und den weißen Schwanz mit schwarzem Mittelstreif.

Lebensraum

Im Frühjahr hält er sich in Mooren und Sümpfen auf, im Winter an Küsten und Teichen.

Verhalten

Das Männchen hat ein typisches Balzverhalten: Es steigt auf, fliegt im Rüttelflug und stößt einen lauten Schrei aus. Außerhalb der Balz bewegen sich Alpenstrandläufer in großen Gruppen mit Tausenden Individuen, die im Schlamm nach Nahrung suchen.

Wissenswertes

Die Art ist in Europa bedroht, auch wenn sie der häufigste europäische Watvogel ist.

Gesang

Brutzeit

J	F	M	A	M	J	J	A	S	O	N	D

Alpenstrandläufer

Prachtkleid

Schlichtkleid

Aussehen

Die Bekassine zeichnet sich durch ihren sehr langen Schnabel aus, der bei der Nahrungssuche im Schlamm zum Einsatz kommt. Ihr weißer Bauch steht im Kontrast zum braun gesprenkelten Rücken. Die Brust ist bis zu den Flanken stark gestreift. Die weißen Streifen sind im Gefieder gut sichtbar. Im Flug kann man den roten Schwanz mit weißem Rand sehen.

Lebensraum

Man findet sie sehr häufig in Sümpfen, Mooren und Feuchtwiesen mit meist niedriger Vegetation.

Verhalten

Bekassinen fliegen auch im Schwarm. Bei Gefahr verstecken sie sich in der Regel, doch wenn sie gestört werden, fliegen sie in einem schnellen Zickzackkurs davon. Bei der Balz beeindruckt das Männchen mit spektakulären Sturzflügen.

Gesang

Brutzeit

J	F	M	A	M	J	J	A	S	O	N	D

Bekassine

18 cm

Aussehen

Die Bachstelze ist an ihrem langen Schwanz zu erkennen. Das Gefieder ist eine Mischung aus Weiß (Bauch und Flügelspitzen) und Schwarz (Kappe, Kehlfleck, Schwanz und Rücken). Die Kehle des Männchens ist im Frühjahr schwarz und im Winter matter – so wie beim Weibchen.

Lebensraum

Man kann sie in der Nähe von Gewässern und auf offenen Flächen mit spärlicher Vegetation beobachten. Sie nähert sich auch Wohnhäusern und kommt in urbanen Parkanlagen vor.

Verhalten

Das ständige Wippen des Schwanzes ist typisch für die Bachstelze – ebenso wie die hastigen kleinen Schritte.

Leicht zu verwechseln mit: Gebirgsstelze

Die Gebirgsstelze hat ebenfalls einen grauen Rücken, zeichnet sich aber durch ihren gelben Bauch (besonders strahlend bei der Balz) und den weißen Überaugenstreif aus. Das Weibchen hat einen matteren Hals, ist aber an Brust und Schwanz ebenfalls gelb.

Gesang

Brutzeit

J	F	M	A	M	J	J	A	S	O	N	D

Bachstelze

Bachstelze
Gebirgsstelze, Weibchen
Gebirgsstelze, Mänrchen

Aussehen

Kanadagänse sind größer als Graugänse. Man erkennt sie an ihrem schwarzen Kopf und Hals, die im Kontrast zu den weißen Wangen und der weißen Brust stehen. Der Rücken ist braun und der Bauch hellbraun.

Lebensraum

Mittlerweile brütet die Kanadagans auch in Mitteleuropa. Sie ist an den Ufern von Seen und Flüssen und manchmal auch auf Feldern in der Nähe von Feuchtgebieten zu finden. Man kann Kanadagänse oft in Parks sehen, wo sie unter kontrollierten Bedingungen leben.

Verhalten

Sie nisten in Gruppen.

Wissenswertes

Die Kanadagans stammt aus Nordamerika und wurde in europäischen Parks angesiedelt. Die Art verbreitete sich durch entflohene Individuen aus Großbritannien und Schweden. Es gibt auch Mischformen zwischen der Kanada- und der Graugans.

Gesang

Brutzeit

J	F	M	A	**M**	**J**	J	A	S	O	N	D

Kanadagans

Aussehen

Bei der Balz hat das Männchen der Stockente einen grünen Kopf mit blauem Schimmer, der durch einen weißen Halsring von der braunen Brust getrennt wird. Der Schnabel ist orangegelb und die Beine sind leuchtend orange. Der Rest ist graubeige – mit Ausnahme des schwarz-weißen Schwanzes. Das Weibchen trägt viel dezentere braune Flecken, doch der Schnabel und die Beine sind leuchtend orange und es hat einen blauen Flügelspiegel.

Lebensraum

Stockenten sind an Seen, Sümpfen und Mündungen sowie in Stadtparks mit Gewässern zu finden.

Verhalten

Beim »Tauchen« halten sie lediglich den Kopf ins Wasser, der Bürzel bleibt an der Oberfläche: Diese Haltung nennt man »gründeln«. Am leichtesten sind Stockenten im Winter zu beobachten, wenn sie sich auf dem Wasser zur Balz zusammenfinden.

Gesang

Brutzeit

J	F	M	A	M	J	J	A	S	O	N	D

Stockente

Männchen

Weibchen

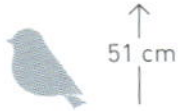

Aussehen

Im Frühjahr sind der Kopf und die Brust des Pfeifenten-Männchens rot und die Stirn hellgelb. Der restliche Körper ist grau. Die weißen Flügeldeckfedern auf der Oberseite der Flügel sind im Flug gut sichtbar. Der Schwanz ist sehr spitz. Außerhalb der Balz ist das Männchen hauptsächlich ziegelrot und die Stirn ist nicht mehr gelb. Das Weibchen trägt ein viel unauffälligeres Braun und hat nur den graublauen Schnabel mit schwarzer Spitze mit dem Männchen gemeinsam. Alle Individuen haben einen hellen Bauch.

Lebensraum

Sie kommen an Süßwasserseen, Flüssen, Stränden, Mündungen und Feuchtwiesen vor, aber nie auf dem offenen Meer.

Verhalten

Sie leben immer in Gruppen. Typisch für die Pfeifente ist ihr Flug mit plötzlichen Kehrtwendungen und Höhenänderungen.

Wissenswertes

Ihren Namen verdankt sie ihrem melodiösen Ruf, der hauptsächlich bei Sonnenauf- und -untergang zu hören ist.

Gesang

Brutzeit

J	F	M	A	M	J	J	A	S	O	N	D

Pfeifente

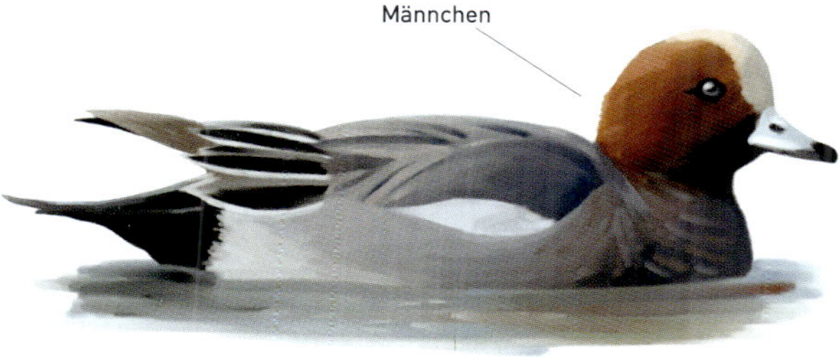

Aussehen

Der Höckerschwan gehört zu den bekanntesten Vogelarten, die man das ganze Jahr über leicht erkennen kann. Sein vollkommen weißes Gefieder und seine elegante Form mit langem s-förmigen Hals zeichnen ihn aus. Beim Schwimmen hebt er oft die Armschwingen an. Sein Schnabel ist orange mit einem schwarzen Höcker an der Basis. Im Flug streckt er wie eine Gans den Hals nach vorne und erzeugt durch das Schlagen der Flügel ein typisches pfeifendes Geräusch.

Lebensraum

Er kommt in Parks mit Gewässern, an Seen, Teichen und Flüssen vor.

Verhalten

Er ist nicht scheu, bewegt sich oft in Gruppen und teilt seinen Lebensraum gern mit anderen Arten. Bei der Nahrungssuche taucht er nur den Kopf und den Hals ins Wasser.

Leicht zu verwechseln mit: Zwergschwan

Der Zwergschwan zeichnet sich durch seinen geraden (nicht s-förmigen) Hals und vor allem durch seinen Schnabel mit gelber Basis und schwarzer Spitze aus.

Gesang

Brutzeit

J	F	M	**A**	**M**	J	J	A	S	O	N	D

Höckerschwan

38 cm

Aussehen

Männliche wie weibliche Blesshühner haben ein dunkelgraues Gefieder und einen weißen Schnabel mit weißer Blesse. Die Augen sind dunkelrot, die Beine gelb und die Zehen blau.

Lebensraum

Es lebt an Seen, Teichen und Flüssen im Grünen.

Verhalten

Meistens kann man es in Gruppen beobachten, nur in der Brutzeit kann es bei der Verteidigung seines Nestes aggressiv sein. Typisch für das Blesshuhn ist sein Abflug: Es nimmt über mehrere Meter Anlauf, indem es mit den Füßen kräftig auf die Wasseroberfläche schlägt.

Nicht zu verwechseln: Teichralle

Ihr Gefieder ist ebenfalls schwarz, doch der untere Rücken ist braun und sie trägt eine deutlich sichtbare weiße Flügelbinde. Der Schnabel und die Stirnplatte sind rot und die Schnabelspitze ist gelb. Sie kommt an Gewässern, aber auch auf Rasenflächen und in Parks vor.

Gesang

Brutzeit

J	F	M	A	M	J	J	A	S	O	N	D

Blesshuhn

Teichralle

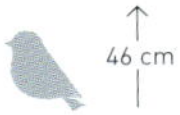

Aussehen

Die Tafelente kann man an ihrer (spitzen) Kopfform und Färbung erkennen: Das Männchen ist an Kopf und Hals ziegelrot und hat rote Augen. An Brust und Schwanz ist es schwarz und der Rest des Körpers ist hellgrau. Wie bei den meisten Enten hat das Weibchen ein unauffälligeres Gefieder in Brauntönen.

Lebensraum

Sie ist an Teichen, Seen und ruhigen Flüssen zu finden.

Verhalten

Insbesondere im Winter sind Tafelenten Schwarmvögel und teilen sich das Gewässer häufig mit Reiherenten. Bei der Nahrungssuche tauchen sie vollständig und tief unter Wasser.

Wissenswertes

Es gibt viele Kreuzungen zwischen den verschiedenen Tauchenten. Die Nachkommen weisen die Eigenschaften beider Elternteile auf.

Gesang

Brutzeit

J	F	M	A	**M**	**J**	**J**	A	S	O	N	D

Tafelente

43 cm

Aussehen

Man erkennt die Reiherente an ihrem schwarzen Gefieder mit einem eindrucksvollen weißen Flügelspiegel an den Flanken. Das Männchen hat am Hinterkopf einen langen, herabhängenden Schopf. Die Augen sind goldgelb. Der blaugraue Schnabel hat eine schwarze Spitze. Das Weibchen hat ebenfalls gelbe Augen, doch der restliche Körper ist anders: Die Haube ist kürzer und das Gefieder braun und eintöniger. Die Schnabelbasis ist gelblich. Im Flug ist die weiße Flügelbinde gut sichtbar.

Lebensraum

Sie kommt an Seen, aber auch an Mündungen und ruhigen Flüssen vor.

Verhalten

Sie lebt in Gruppen und mischt sich gern unter andere (Tauch-)Enten.

Wissenswertes

Für die Nahrungssuche muss sie Hunderte Male am Tag tauchen. Sie taucht vollständig unter Wasser, um Nahrung (Larven, Schnecken etc.) zu finden.

Gesang

Brutzeit

J	F	M	A	M	J	J	A	S	O	N	D

Reiherente

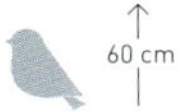

Aussehen

Kopf, Hals und Bauch der Silbermöwe sind weiß. Das Rückengefieder ist hellgrau, bis auf die schwarzen Flügelspitzen mit großen weißen Flecken. Der gelbe Schnabel hat einen roten Fleck auf der Unterseite. Die Beine sind je nach Region rosa oder gelb. Die Jungvögel sind graubraun.

Lebensraum

Man kann sie an der Küste, aber im Winter auch im Landesinneren sehen – ebenso wie in Kiesgruben und auf Mülldeponien. Sie nistet auf Klippen.

Verhalten

Sie hält sich in Gruppen auf, besonders abends an den Schlafplätzen.

Leicht zu verwechseln mit: Mantelmöwe

Die größte Möwenart in Europa hat an Schnabel, Kopf, Brust, Bauch und Schwanz die gleiche Färbung wie die Silbermöwe, doch ihr Rücken ist dunkelgrau, fast schwarz. Die Flügel, die beim sitzenden Vogel über den Schwanz hinausragen, sind schwarz mit wenigen weißen Flecken. Die Beine sind hellrosa.

Gesang

Brutzeit

J	F	M	A	M	J	J	A	S	O	N	D

Silbermöwe

Aussehen

Das Gefieder des Kormorans ist schwarz mit metallisch grünem oder bläulichem Glanz. Der lange Schnabel ist an der Spitze nach unten gekrümmt und hat einen gelben Fleck an der Basis. Bei der Balz sind der Hals und die oberen Beine gräulich.

Lebensraum

Er lebt in Kolonien, an Felsküsten, Flüssen und Seen.

Verhalten

Beim Fliegen streckt er den Hals gerade nach vorn. Gruppen fliegen in V-Formation in großer Höhe. Der Kormoran ist ein hervorragender Fischer und unternimmt tiefe, lange Tauchgänge, die mit einem kleinen Sprung beginnen. Oft streckt er auf einem Pfahl seine Flügel zum Trocknen aus.

Wissenswertes

In Asien werden Kormorane für den Fischfang eingesetzt: Sie tragen einen Halsring und müssen ihren Fang an Bord wieder herauswürgen. Ein Kormoran fängt 250 kg Fisch pro Jahr. Durch seine Vermehrung werden verschiedene seltene Arten bedroht.

Gesang

Brutzeit

J	F	M	A	M	J	J	A	S	O	N	D

Kormoran

48 cm

Aussehen

Im Prachtkleid hat der Haubentaucher einen roten Kragen und eine schwarze Haube, der er seinen Namen verdankt. Die Augen sind rot, die Wangen und der Hals sind weiß. Der Rücken ist dunkelbraun, der Bauch weiß und die Flanken sind rostbraun. Außerhalb der Balzzeit ist der Haubentaucher an seiner schlanken Silhouette, der kleinen Haube auf dem Kopf und dem langen, spitzen rosa Schnabel zu erkennen.

Lebensraum

Er kommt auf Süßgewässern (Seen, Teiche und Flüsse) vor.

Verhalten

Beim Fischfang kann er sehr lange unter Wasser tauchen.

Wissenswertes

Die Balz der Haubentaucher ist äußerst elegant: Männchen und Weibchen stehen einander in einer synchronen Choreografie gegenüber, bei der sie den Kopf schütteln, aufstehen, abtauchen, sich Geschenke wie Pflanzen anbieten etc.

Gesang

Brutzeit

J	F	M	A	M	J	J	A	S	O	N	D

Haubentaucher

Im Prachtkleid mit Jungvögeln

Bei der Balz

Im Schlichtkleid

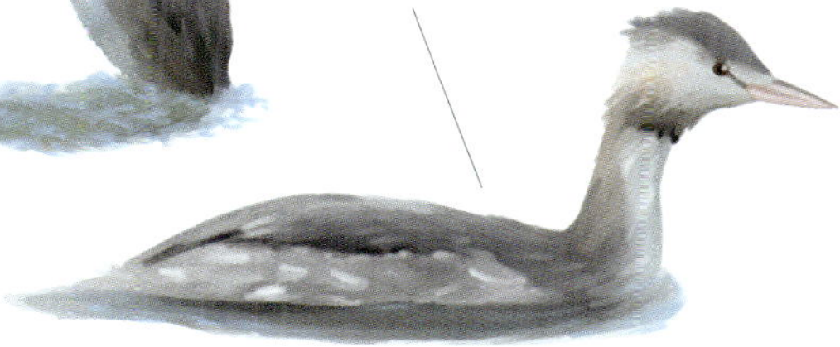

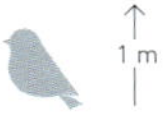

Aussehen

Das Gefieder des Graureihers ist eine Mischung aus Weiß (Kopf, Hals, Bauch und Oberschenkel) und Grau (Rücken und Schwanz). Die Brust ist schwarz gefleckt. Er hat schwarze Augenstreifen, die bis zum schwarzen Federschopf am Hinterkopf reichen. Sein dolchartiger Schnabel ist orange und sehr lang. Im Flug ist der Hals s-förmig gekrümmt, seine gelben Beine hängen nach unten und man sieht den starken Kontrast zwischen den grauen Flügeln und den schwarzen Flügelspitzen.

Lebensraum

Der Graureiher ist in der Nähe von ruhigen Gewässern (Sümpfe, Flüsse und Teiche) zu finden.

Verhalten

Graureiher sind tagsüber in der Regel Einzelgänger, können sich aber bei Einbruch der Dunkelheit in Gruppen an Schlafplätzen zusammenfinden. Diesem scheuen Vogel kann man sich nicht nähern. In kalten Wintern sucht er manchmal Gartenteiche mit Goldfischen oder Fröschen auf.

Gesang

Brutzeit

J	F	M	A	M	J	J	A	S	O	N	D

Graureiher

16 cm

Aussehen

Der Eisvogel ist relativ klein (etwa so groß wie ein Spatz). Häufig sieht man nur eine kleine türkisfarbene Kugel, die über das Wasser saust. Man erkennt ihn an seinem kobaltblauen bis türkisfarbenen Rücken und Bürzel. Kehle und Wangen sind weiß. Der gesamte Bauch ist orangerot. Der schwarz-orangefarbene Schnabel ist lang und spitz.

Lebensraum

Er ist an fischreichen Gewässern und starken Strömungen (Teichen, Seen, Flüssen und Bächen) zu finden. Im Winter kann man ihn an der Küste sehen.

Verhalten

Dem überaus scheuen Vogel kann man sich nicht nähern. Er sitzt gern auf Zweigen über der Wasseroberfläche. Der Eisvogel hält Ausschau, taucht blitzartig unter Wasser und kommt mit seiner Beute im Schnabel wieder zum Vorschein.

Wissenswertes

Während der Brutzeit kann ein erwachsener Eisvogel für seine Jungen bis zu 70 Fische pro Tag fangen.

Gesang

Brutzeit

J	F	M	A	M	J	J	A	S	O	N	D

Eisvogel

36 cm

Aussehen

Das Gefieder der Lachmöwe ist auf dem Rücken silbergrau und an den Flügelspitzen schwarz. Brust und Bauch sind immer weiß. Der rote Schnabel hat eine schwarze Spitze. Bei der Balz ist der Kopf bis zum Hals schwarz. Außerhalb dieser Zeit ist der Kopf weiß und auf den Wangen hat sie einen schwarzen, kreisförmigen Fleck hinter dem Auge. Im Flug sieht man die schwarzen Handschwingen mit einem weißen Flügelvorderrand (auf der Ober- und Unterseite).

Lebensraum

Lachmöwen sind an Küsten und in der Nähe von Binnengewässern (Seen, Teiche etc.) zu finden. Man kann sie auch auf Feldern beobachten.

Verhalten

Lachmöwen sind oft in großen Gruppen zu sehen. Sie sind nicht menschenscheu und suchen ihre Nahrung auch auf Mülldeponien. Sie können bis zu 30 Jahre alt werden.

Gesang

Brutzeit

J	F	M	A	M	J	J	A	S	O	N	D

Lachmöwe

Im Prachtkleid

Aussehen

Typisch für das Männchen der Knäkente ist das Prachtkleid mit dem breiten weißen Streif, der vom Auge bis zum Nacken reicht. Der Rest des Kopfes, des Halses und der Brust ist dunkelbraun, wozu der hellgraue Bauch einen Kontrast bildet. Das Weibchen trägt ebenfalls die beiden weißen Flügelbinden, die im Flug gut sichtbar sind, und einen matteren weißen Streif am Kopf.

Lebensraum

Die Knäkente kommt an Seen und Sümpfen vor.

Verhalten

Sie fliegt von August bis September nach Afrika und kehrt zwischen Ende Februar und Ende April zurück.

Nicht zu verwechseln: Krickente

Das Männchen trägt ein unverwechselbares Prachtkleid mit leuchtend gelbem Bürzel und rotem Kopf mit grüner, weiß umrandeter »Maske«. Die Brust ist rosa und das restliche Gefieder grau. Außerhalb der Balzzeit erkennt man die Art im Flug an ihrem grünen Flügelspiegel, der von 2 weißen Flügelbinden eingefasst wird.

Gesang

Brutzeit

J	F	M	A	M	J	J	A	S	O	N	D

Knäkente

Krickente

Knäkente im Flug

1,90 bis 2,25 m

Aussehen

Typisch für den Steinadler ist seine beeindruckende Silhouette: Der Schwanz ist genauso lang wie die Flügelbreite und die Flügel werden am Körper und an den Enden schmaler. Jungvögel haben weiße Hand- und Armschwingen an der Unterseite (bei erwachsenen Vögeln grau) und tragen eine schwarze Flügelbinde. Der Körper ist bis auf den goldenen Hals dunkelbraun. Der kräftige Schnabel des Steinadlers ist gelb und an der Spitze schwarz. Seine Fänge sind gelb.

Lebensraum

Er kommt nur in bergigen, eher bewaldeten Gebieten vor. Im Winter kann er bis ins Flachland hinabsteigen.

Verhalten

Er gleitet sehr hoch am Himmel und wechselt zwischen mehreren Sekunden Gleitflug und 6 bis 7 kraftvollen Schlägen ab. Er kann seiner Beute von einem Gipfel aus auflauern oder dicht über dem Boden fliegen, um sie zu überraschen.

Wissenswertes

Während der Balzzeit lassen sich Paare aus schwindelnder Höhe fallen und halten sich dabei an den Fängen fest.

Gesang

Brutzeit

J	F	M	A	M	J	J	A	S	O	N	D

Steinadler

Jungvogel im Flug

Erwachsener Vogel im Flug

Aussehen

Mäusebussarde gehören zu den häufigsten und größten Greifvögeln und sind jeweils sehr unterschiedlich gefärbt: von dunkelbraun über rötlich bis vollkommen weiß. Man erkennt sie meist an der v-förmigen Zeichnung auf der Brust, ihrem Schrei und ihrer Silhouette: Sie haben einen kurzen, runden und breit gefächerten Schwanz mit dunklen Querbinden und heben im Gleitflug die Flügel leicht an, v. a. die fingerförmig gespreizten Handschwingen.

Lebensraum

Sie leben in Wäldern und auf offenen Feldern und steigen auf bis zu 1500 m Höhe.

Verhalten

Man sieht sie selten am Boden und meist im Gleitflug, die Aufwinde nutzend. Sie lassen sich auf Pfählen am Straßenrand nieder, um von Wildunfällen zu profitieren. Ihr Flug ist schwer und langsam.

Wissenswertes

Pestizide, die lange Zeit eingesetzt wurden, haben ihre Eierschalen geschwächt. Der Bestand erholt sich langsam wieder.

Gesang

Brutzeit

J	F	M	A	M	J	J	A	S	O	N	D

Mäusebussard

23 cm

Aussehen

Den Steinkauz erkennt man an den unregelmäßigen braunen Längsstreifen am Bauch, dem braunen Gefieder mit weißen Flecken an Rücken und Stirn sowie den goldenen Augen. Im Flug sind die abgerundeten Flügel und der kurze Schwanz charakteristisch – ebenso wie die wellenförmige Flugweise. Die Beine sind mit Federn bedeckt. Der Steinkauz ist halb so groß wie der Waldkauz.

Lebensraum

Er kommt in Obstgärten, in der Nähe von Bauernhöfen, auf Feldern und Wiesen vor. Zudem ist er in Baumhöhlen und Felswänden zu finden.

Verhalten

Wie andere Eulen und Käuze ist er nachtaktiv, doch man kann ihn auch am späten Nachmittag und in der Morgendämmerung bei der Jagd beobachten. Dann lauert er seiner Beute von einem Zaunpfahl oder Strommast auf.

Wissenswertes

Der Ruf des Steinkauzes ist ein rhythmisches »uh-uh-i«, der beim »i« höher wird. Der Ruf der Schleiereule klingt hingegen eher wie das schrille Quaken eines Frosches.

Gesang

Brutzeit

J	F	M	A	M	J	J	A	S	O	N	D

Steinkauz

35 cm

Aussehen

Die Schleiereule ist an ihrem sehr hellen Gefieder zu erkennen. Im Flug erscheint sie ganz weiß, doch der Rücken und die Oberseite der Flügel sind orangefarben mit graublauen Flecken und dunkelbraunen Stellen auf den Flügeln. Der Bauch und das typische herzförmige Gesicht sind weiß.

Lebensraum

Sie lebt auf Feldern und in der Nähe von Dörfern. Ihr Nest baut sie in Gebäuden, Scheunen und Baumhöhlen. Wer unerwünschte Nagetiere loswerden möchte, kann der Schleiereule Zugang zu Ställen gewähren.

Verhalten

Die Schleiereule ist fast ausschließlich nachts zu sehen – oft im Licht von Scheinwerfern.

Wissenswertes

In unzähligen Geistergeschichten spielt die Schleiereule eine Rolle. Ihr schlechter Ruf hat Bauern einst dazu gebracht, sie an Scheunentüren zu nageln, um Ernteausfälle und Krankheiten abzuwehren. Heute ist sie für ihre Jagd auf Wühlmäuse bekannt und mit künstlichen Nistkästen hilft man ihr durch harte Winter.

Schleiereule

Gesang

Brutzeit

J	F	M	A	M	J	J	A	S	O	N	D

Männchen 30 cm
Weibchen 40 cm

Aussehen

Das Sperber-Männchen ist am oberen Rücken grau-bläulich, an Kehle und Brust rot und am Bauch weiß. Das größere Weibchen hat einen graubraunen Rücken sowie eine feine Bänderung an Brust und Bauch. Typisch für den Sperber ist seine Silhouette mit langem Schwanz und kurzen, aber breiten Flügeln.

Lebensraum

Er kommt in Wäldern und auf Feldern vor.

Verhalten

Charakteristisch ist sein wellenförmiger Flug mit abwechselnd schnellen Schlägen (Aufstieg) und kurzen Gleitflügen (Abstieg).

Leicht zu verwechseln mit: Habicht

Er zeichnet sich durch seine große Gestalt und seinen geraden Flug mit weniger Gleitphasen aus. Der Rücken ist grau (bläulich beim Männchen). Brust und Bauch sind weiß mit schwarzen Streifen, aber nie rötlich. Er hat einen weißen Überaugenstreif (den es nur beim Sperberweibchen gibt). Die Flügel sind länger, spitzer und weniger gerundet.

Gesang

Brutzeit

J	F	M	A	M	J	J	A	S	O	N	D

Sperber

Sperber im Flug

Habicht

35 cm

Aussehen

Der Turmfalke ist ein sehr häufiger Greifvogel in Mitteleuropa. Man erkennt ihn an der gesprenkelten Brust, dem grauen Kopf und Schwanz sowie dem großen schwarzen Fleck unter dem Auge. Das Gefieder auf dem Rücken ist rot mit schwarzen Flecken. Die Flügelspitzen an der Oberseite der Handschwingen sind schwarz – ebenso wie die Schwanzspitze (Ober- und Unterseite). Die Beine sind gelb. Typisch für den Turmfalken ist sein Flugbild mit spitzen, schmalen Flügeln.

Lebensraum

Er ist auf offenen Feldern in den Bergen zu finden.

Verhalten

Im Rüttelflug ist er leicht zu erkennen: Er fliegt auf der Stelle und hält über den Feldern nach potenzieller Beute Ausschau. Bei starkem Wind kann er sich auch unbeweglich nach hinten gleiten lassen.

Wissenswertes

Turmfalkenpaare nisten auch in Großstädten (z. B. im Pariser Pantheon und dem Europaturm in Frankfurt).

Gesang

Brutzeit

J	F	M	A	M	J	J	A	S	O	N	D

Turmfalke

Weibchen im Flug

Männchen im Rüttelflug

Aussehen

Der Schwarzmilan ist so groß wie ein Bussard. Typisch für ihn ist sein Flugbild mit dreieckiger Schwanzform. Der ganze Körper erscheint dunkel, auch wenn die Außenflügel und der Schwanz auf der Unterseite grauer sind. Sein Kopf ist grau und kaum heller als das übrige Gefieder. Der Schnabel ist gelb mit schwarzer Spitze.

Lebensraum

Er ist in der Nähe von Gewässern (Seen und Teiche), aber auch von trockenem Brachland zu finden und sucht auch auf Mülldeponien nach Nahrung.

Verhalten

Er ernährt sich von Fischen und Abfällen. Schwarzmilane finden sich oft in Gruppen zusammen.

Leicht zu verwechseln mit: Rotmilan

Der Rotmilan ist viel größer. Sein Schwanz ist rot und gegabelter als der des Schwarzmilans. Außerdem hat er auf der Unterseite der Flügel weiße Flecken auf den Handschwingen.

Gesang

Brutzeit

J	F	M	A	M	J	J	A	S	O	N	D

Schwarzmilan

Schwarzmilan im Flug

Greifvögel

Rotmilan im Flug

Aussehen

Der Gänsegeier ist an seinen langen, breiten Flügeln zu erkennen. Sein Gefieder ist auf der Oberseite hellbraun und steht im starken Kontrast zu den dunkleren Schwungfedern. Der Hals ist mit weißen Federn bedeckt. Typisch für den Gänsegeier ist sein Flugbild mit kurzem, breitem Schwanz und geradezu rechteckigen Flügeln, die im Gleitflug tief gefingert sind.

Lebensraum

Der Gänsegeier ist in den Bergen, besonders in der Nähe von Felsen, und in tiefen Tälern zu finden.

Verhalten

Dieser ausgezeichnete Segler wartet bis zum späten Vormittag, um die Aufwinde zu nutzen und sich von ihnen tragen zu lassen. Geier leben und bewegen sich in Kolonien.

Wissenswertes

Bei guten Bedingungen können Gänsegeier an einem Tag 300 km zurücklegen, größtenteils im Gleitflug.

Gesang

Brutzeit

J	F	M	A	M	J	J	A	S	O	N	D

Gänsegeier

Greifvögel

Register